LES PETITS OISEAUX ARTISTES

PAR

Mme LOUISE LENEVEUX

DOUZE VIGNETTES PAR E. LEJEUNE

COLORIÉES AVEC SOIN

PARIS

LIBRAIRIE LOUIS JANET

Vve LOUIS JANET ET MAGNIN

RUE SAINT-JACQUES, 59

LES

PETITS OISEAUX

ARTISTES

PARIS. — IMP. SIMON RAÇON ET COMP., RUE D'ERFURTH. 1.

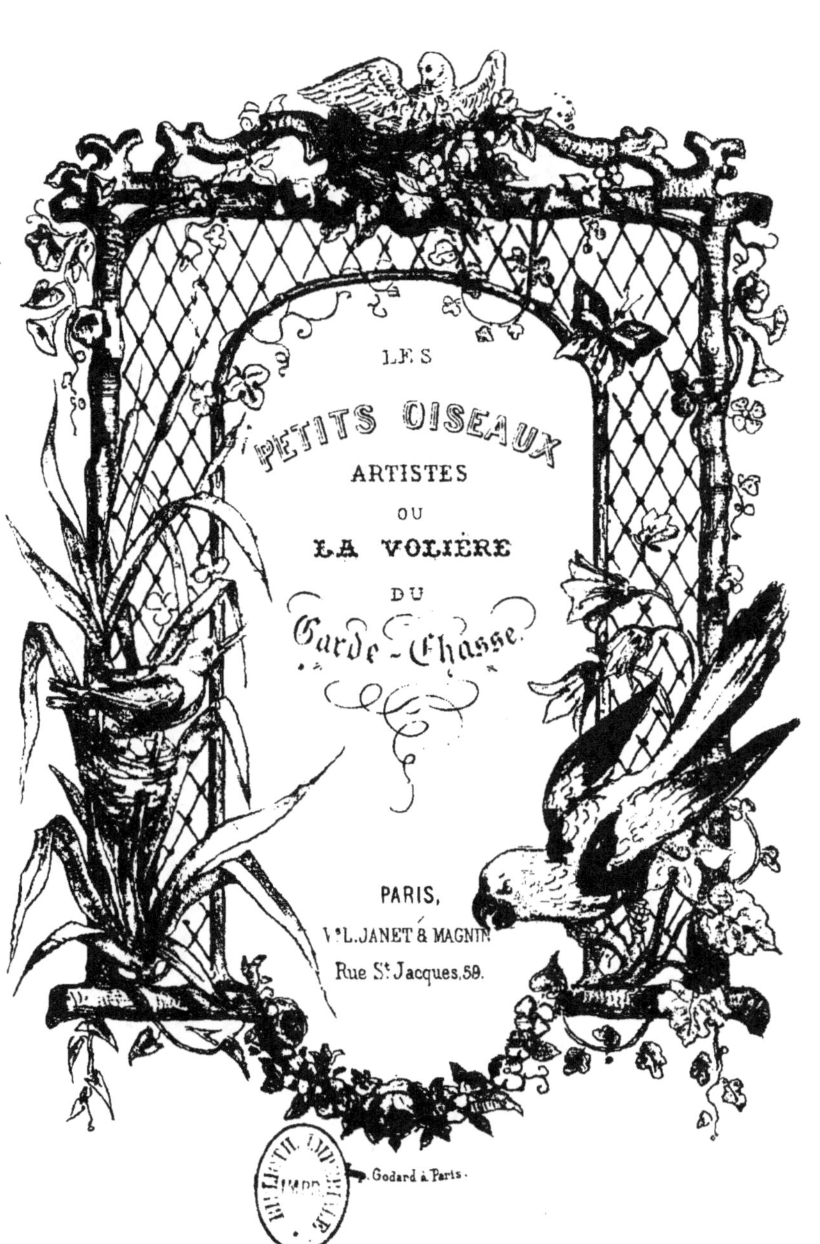

LES
PETITS OISEAUX
ARTISTES
OU
LA VOLIÈRE
DU
Garde-Chasse
PARIS,
V.L. JANET & MAGNIN
Rue St Jacques, 59.
Godard à Paris.

LES
PETITS OISEAUX
ARTISTES

PAR

MADAME LOUISE LENEVEUX

PARIS

LIBRAIRIE LOUIS JANET

Vᵛᵉ LOUIS JANET ET MAGNIN

59, RUE SAINT-JACQUES, 59

1856

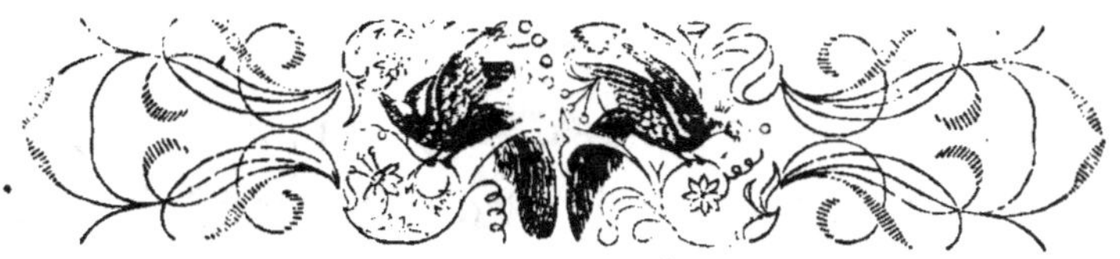

CHAPITRE PREMIER

LES PROMENADES MATINALES. — L'ALOUETTE MUSICIENNE

are! gare! range-toi donc, Marie! rangez-vous donc, petites filles! ou bien... en joue, feu!... pif!... paf!... pan!...

Ainsi criait à tue-tête un jeune garçon de onze à douze ans, à l'air lutin, aux yeux éveillés, et tenant un fusil de chasse, qu'il manœuvrait, il faut le dire, avec beaucoup d'aplomb et même d'adresse pour son âge.

— Simon, veux-tu finir? disait la plus grande des deux jeunes filles, ou je vais aller tout de suite me plaindre à notre mère! Oh! tu ne ferais pas tout cela si notre père était ici! Tu sais pourtant qu'il a expressément défendu de sortir cette arme de son fourreau, et surtout de s'en servir pour nous effrayer!

— Cela n'est pas difficile, de vous effrayer, petites poltronnes! S'il n'y avait en France que des soldats comme vous, on ne tirerait pas souvent le canon pour annoncer nos victoires... Oh! les filles! les filles! ça n'est bon à rien!... Allons, en joue... feu!... Tenez, tenez, comme les voilà qui se sauvent!... pif!... pan!...

Et l'espiègle s'élança sur leurs traces; mais, en voulant passer la porte, le malin enfant se trouva tout à coup devant un homme d'une cinquantaine d'années, au visage sévère, à la parole énergique, qui l'arrêta par le bras.

— Où allez-vous, Simon?

— Mon père! s'écria l'enfant en laissant tomber, dans sa frayeur, le fusil qu'il tenait dans ses mains.

— Oui, monsieur, votre père, que vous n'attendiez pas, et dont vous méconnaissez les ordres! Est-ce donc là le cas que vous faites de mes remontrances? Allez remettre ce fusil à sa place, et s'il vous arrive jamais d'y toucher...

— Mais, père, dit Simon, encore rouge de honte d'avoir été surpris en flagrant délit de désobéissance, quand mon cousin Jean vient ici passer les vacances avec mon oncle, il se sert bien du fusil, lui! Il va à la chasse, il tue de petits oiseaux. Cela est si amusant!

— Vous trouvez cela un plaisir, de tuer d'innocents oiseaux à la robe éclatante que le ciel nous a donnés, ainsi que les fleurs, dans un jour de sourire et pour débarrasser nos vergers d'une foule d'insectes nuisibles! Si vous connaissiez les mœurs et les habitudes de ces petits musiciens des bocages, ils vous intéresseraient au plus haut degré. M. Dupont de Nemours, un savant qui s'est occupé toute sa vie de cette science, que l'on nomme *ornithologie*, est parvenu, à force d'études, à comprendre une partie de leur langage, ainsi que l'on est arrivé à le faire pour la langue des sauvages. Dans un mémoire qu'il présenta, le 21 juillet 1806, à l'Académie, dont il faisait partie lui-même, il assure que cette langue se compose de substantifs et d'un grand nombre d'adjectifs; ainsi l'alouette qui s'élève dans les blés sans perdre de vue son nid, l'objet de sa tendresse maternelle, fait entendre ce chant, que M. Dupont a traduit ainsi : *Mes petits! mes petits! mes jolis, jolis, jolis, jolis petits, petits, petits!* Il a noté lui-même ce chant, sorte de gamme chromatique, et les savants se sont occupés un instant de cette simple musique, que l'on assure avoir été traduite presque mot à mot !

Quoi qu'il en soit, je n'ai jamais pu trouver de plaisir à tuer ces petits êtres qui font le charme et la gaieté de nos bois. C'est un droit que l'homme a pu s'arroger dans le but d'augmenter les ressources de sa subsistance ; mais les tuer sans nécessité ne peut être qu'une cruauté dont l'être civilisé ne saurait se glorifier. D'ailleurs, vous êtes trop jeune, Simon, pour vous servir d'une arme à feu, et votre cousin Jean, plus âgé que vous de quelques années, est aussi beaucoup moins étourdi. Je n'aime pas à voir, à votre âge, se développer des instincts qui agissent souvent moralement sur toute la vie, en détruisant cette sensibilité qui en fait le charme et le bonheur.

Écoutez-moi, mes enfants; si, comme je n'en doute pas, vous avez quelquefois trouvé du plaisir dans nos entretiens instructifs, si vous me promettez d'être assez matinals pour me suivre avant le lever du soleil, je vous ferai faire quelques promenades dans le bois. Nous sommes au printemps; chaque arbre aura son nid, chaque oiseau son chant, son industrie! Nous y verrons de petits architectes, des maçons, des mineurs, des charpentiers, des tresseurs de corbeilles, des anatomistes, des chasseurs, des pêcheurs, des voyageurs, etc. Je vous ferai faire connaissance avec Guillaume, le garde-chasse, chez lequel le goût pour les oiseaux est devenu une véritable passion; vous apprendrez à les connaître, à vous y intéresser.

—Oh! quel bonheur, mon bon père! crièrent à la fois Simon et Marie!

M. Villiers, père de Simon et de Marie, possédait une grande fortune; très-simple dans ses goûts, il consacrait tout son temps à l'éducation de ses deux enfants, qu'il aimait avec idolâtrie. Il venait tout récemment d'acheter à Valvins, prés Fontainebleau, une grande propriété, un peu négligée depuis plusieurs années, et dont les murs côtoyaient une des parties isolées de la forêt. Ses vieux arbres séculaires, oubliés par la cognée du bûcheron, présentaient l'aspect de ces belles forêts d'Amérique que la main des hommes n'a jamais mutilées. Les lianes et les plantes grimpantes en recouvraient les flancs ouverts et formaient de pittoresques guirlandes au-dessus des lycopodes et des bruyères aux grelots roses. Des milliers de petits oiseaux venaient animer ce bois un peu sauvage peut-être, si la poésie de leurs chants n'en eût adouci l'austérité. Aussi, sous quelque prétexte que ce fût, M. Villiers avait-il défendu expressément qu'un seul coup de fusil fût tiré dans l'intérieur du parc, afin de ne pas en déranger les habitants paisibles. Une sorte de chemin creux conduisait à travers les ronces et les mousses jusqu'au plus fourré du bois. Là, un berceau couvert avait été formé par la nature; c'est dans cet endroit que le bon père venait rêver au bonheur de ses enfants et passer de longues heures d'étude et de recueillement.

Simon était un de ces enfants pour lesquels la nature a tout fait, et qui n'exigent qu'une bonne direction. Vif, hardi, un.peu mutin, il n'en possédait pas moins un excellent cœur ; et, s'il faisait le mal, s'il tourmentait parfois sa jeune sœur Marie, c'était uniquement par espièglerie, et ses taquineries disparaissaient toujours devant une larme de sa victime.

Marie était plus jeune que son frère d'une année seulement. C'était une bonne et douce enfant, qui faisait le bonheur de sa mère, sainte femme qui n'avait jamais connu d'autre affection que celle de la famille, et dont le but et l'unique pensée étaient de rendre heureux tout ce qui l'entourait. Mais sa mission ne dépassait pas la surveillance de l'intérieur, et, pour l'éducation, elle s'en remettait à M. Villiers, plus instruit et plus spécialement né pour être le professeur autant que le père de ses enfants.

Dès le lendemain, l'on commença les promenades dans le bois ; le but n'était pas éloigné.

On devait, ce jour-là même, se rendre à la maison du garde; mais, si court que fût le chemin, combien de fois encore ce père intelligent ne trouvait-il pas de sujets nouveaux et amusants pour ses jeunes élèves! Ici, dans le creux de ce vieil arbre, c'était un petit lézard, chasseur intrépide, guettant sa proie avec persévérance et s'élançant sur une innocente mouche qu'il saisissait au passage avec autant d'adresse que le meilleur chasseur! Là, c'était une plante curieuse avec ses propriétés bonnes ou mauvaises; les mousses, les champignons, les lichens, avaient leur tour; tous avaient leur intérêt; leur histoire et leurs mœurs présentaient toujours quelques particularités amusantes.

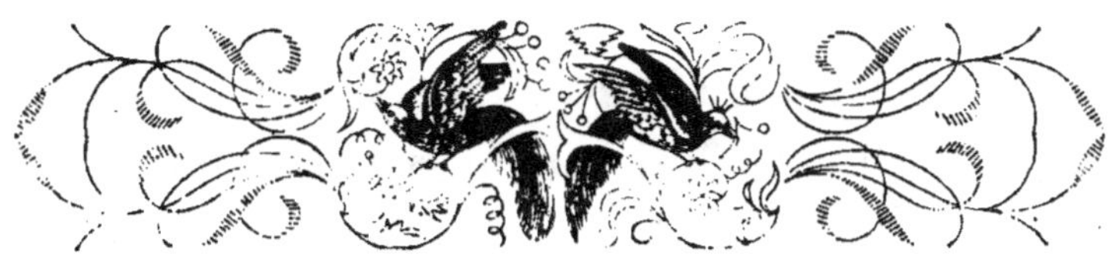

CHAPITRE II

LE GARDE-CHASSE. — LE NID DE CAILLES
LA CAILLE VOYAGEUSE

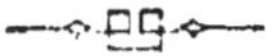

e garde-chasse Guillaume
avait toute sa vie fait une
étude suivie des oiseaux; ce
goût était né avec lui, et,
dès son enfance, son plus
grand plaisir était de grim-
per aux arbres pour découvrir un nid, d'élever
les petits à la brochette et de les apprivoiser.
Avec l'âge, ce goût n'avait fait qu'augmenter, et

cette passion dominante l'avait tellement absorbé, qu'il avait fini par lui sacrifier son bien-être et son avenir. Jamais Guillaume ne s'était décidé à se marier, dans la crainte qu'une femme ne voulût pas adopter ses goûts, et nous pensons que le pauvre Guillaume fit fort bien ; car, tout occupé de sa chasse et de ses piéges, et peu soucieux du confortable de la vie, il ne s'en occupait jamais. Chaque matin, l'amateur d'oiseaux mettait dans un carnier un gros morceau de pain et un léger brin de fromage, une gourde contenant un peu de vin : voilà pour la journée ; quant à l'accoutrement de Guillaume, tous les gamins des environs le poursuivaient avec malice pour jouir un peu plus longtemps de tout ce qu'il avait de grotesque. Indépendamment d'un grand filet, d'un miroir à alouettes, d'un appeau, etc., Guillaume portait encore sur son dos une douzaine de cages, superposées les unes sur les autres, en osier, en bois, en fil de fer, les unes couvertes de petits morceaux de drap rouge, d'autres de drap noir, suivant l'exigence et les goûts de leurs petits locataires. Il y en avait qui sifflaient, d'autres qui parlaient, et, tandis que les uns chantaient joyeusement, les autres se débattaient avec fureur, ne pouvant s'habituer à la perte de leur liberté.

L'extérieur du père Guillaume s'harmonisait parfaitement avec ses goûts; sa jambe, taillée pour la course, était longue et mince, et l'œil le plus exercé n'eût pu y découvrir la plus légère trace de mollet. Il était grand, maigre, portait sa barbe blanche entière et ses cheveux très-longs; de hautes guêtres jaunes lui montaient jusqu'au-dessus du genou, tandis qu'une veste courte lui laissait la faculté de tous ses mouvements; car le père Guillaume, malgré ses soixante ans, grimpait encore aux arbres aussi lestement qu'un écolier. Il avait gardé pour tous les exercices du corps une facilité et une souplesse incroyables.

Depuis quelques années il avait obtenu la place de garde-chasse, et, s'il s'était trouvé heureux de la posséder, c'était parce qu'elle lui permettait de se livrer plus exclusivement à sa passion favorite.

Le logement qu'il habitait à la porte du bois

était tellement encombré de nids, d'œufs, de cages et d'oiseaux, qu'à peine si l'on pouvait y mettre les pieds.

Lorsque le garde vint ouvrir à M. Villiers et à ses deux enfants, un gros sansonnet qui courait devant lui se mit à dire d'une voix aigre et cassée :

— Qui est là? A la porte, à la porte, les gamins!

Car le père Guillaume se vengeait un peu de la malice des enfants du village en apprenant à ses oiseaux quelques impertinences que ceux-ci ne manquaient jamais de débiter avec une sorte d'orgueil et surtout d'à-propos.

Il rougit pourtant en reconnaissant M. Villiers, et renvoya le sansonnet en le chassant avec la casquette que, dans sa politesse, il venait d'ôter de dessus sa tête.

— Ah! c'est vous, monsieur! dit-il; je ne m'attendais pas à cet honneur. Entrez, not' maître, entrez!

— Ne vous dérangez pas, mon cher Guillaume; j'ai promis à mes enfants de leur faire voir tous vos jolis oiseaux!

Cette innocente flatterie mit aussitôt le garde en belle humeur, et, prenant son air le plus gracieux :

— J'en ai effectivement de fort beaux et que j'ai trouvés depuis peu... Vous allez jeter un coup d'œil sur mes cages... Mais ne faites pas attention, ma belle demoiselle, et vous aussi, monsieur Simon... Chut! chut! c'est qu'ils crient tous à en perdre la tête... Ils n'aiment pas beaucoup les enfants, mes pauvres oiseaux! Tous les polissons du village les agacent quand je passe... Tenez, monsieur Villiers, voici la plus belle caille que j'aie vue de ma vie; c'est moi qui l'ai élevée et nourrie... Elle a passé l'hiver bien chaudement, sans inquiétude de sa subsistance. Elle n'a pas eu besoin, comme ses sœurs les voyageuses, de quitter en automne la France, sa patrie, pour s'en aller en Afrique passer l'hiver... Oui, mes petits enfants, poursuivit le garde en regardant Simon et Marie, dont le sourire d'incrédulité n'avait pas échappé à l'amateur, oui, la caille passe tous les ans la Méditerranée! et même les anciens auteurs (car j'ai lu Pline dans ma jeunesse), Pline, le grand naturaliste, eh bien, il raconte que, pour traverser la mer, l'oiseau voyageur se couche sur le côté, une aile lui servant de nacelle, tandis que l'autre aile élevée lui aide à naviguer en formant les voiles de la frêle embarcation... Mais voyez donc celle-ci, monsieur Villiers, elle est presque aussi grosse qu'une perdrix! Regardez comme son plumage est beau et luisant!...

Je sortais un matin de la maison, il y a un an de cela, c'était, comme aujourd'hui, au commencement du printemps... Vous connaissez bien le grand champ de luzerne? là-bas, vous savez?

— Oui, père Guillaume, après?

— Eh bien, je traversais avec mon grand chien de chasse, Médor... Vous connaissez Médor?

— Oui, père Guillaume, après?

— Je vois tout à coup sortir un oiseau du milieu de l'herbe; son vol était lourd comme celui de la perdrix; et, malgré cela, je le vis bientôt s'élever avec son chant si cadencé, si remarquable, et dans lequel nos paysans croient entendre les mots : *Paye tes dettes, paye tes dettes,* etc.

Je me dis aussitôt : Voilà la caille qui revient de son émigration; la femelle doit avoir fait son nid par là, sur la terre, dans quelque petit creux bien abrité... Là-dessus je fais signe à Médor en lui disant : Cherche! et le voilà parti... Tout d'un coup il se met en arrêt, le bon chien! le nez bas, la queue en l'air et agenouillé sur ses deux pattes... Moi j'avance... j'avance doucement... Alors j'aperçois sur la terre, au milieu d'une touffe de bluets et de coquelicots, un nid fait sans art, comme celui de la perdrix, mais si bien abrité, si bien caché au milieu de l'herbe, que l'œil le plus fin n'aurait pas été le deviner là... Il fallait entendre les cris de la pauvre mère quand elle vit que nous avions découvert ses petits; elle faisait tout ce qu'elle pouvait pour attirer mon attention sur elle. Pauvre petite ! elle si timide, elle voltigeait résolûment autour de Médor et de moi, aimant mieux se faire tuer et s'offrant ainsi en sacrifice à la place de ses enfants... Mais moi, qui ne voulais absolument qu'un seul de ses petits, je ne me laissai pas prendre à toutes ses ruses; d'ailleurs, je connais la manœuvre des cailles et des perdrix. Elle avait beau faire la boiteuse, tirer de l'aile et chercher à m'entraîner loin du nid, je ne m'y laissai pas prendre, car c'est toujours ainsi que font les rusés oiseaux... J'allongeai la main malgré son cri de détresse... et je comptai... C'est cela, me dis-je, douze petits! Une belle couvée! quoique les perdrix et les cailles en aient quelquefois jusqu'à quinze!

Alors j'examine les petits avec attention ; ils étaient déjà forts ; un surtout était tout couvert de plumes et plus gros que tous les autres ; il sortait effrontément sa tête du nid et demandait à manger d'un air fort peu sauvage. Je le pris seul, car il m'en eût coûté de priver cette pauvre mère de tous ses enfants ; je l'emportai avec précaution, je le tins bien chaudement et lui donnai une pâtée appropriée à sa nature. C'était une jolie femelle ! ajouta le père Guillaume en jetant sur cette fille adoptive un coup d'œil vraiment paternel.

— Elle est en effet très-belle et très-vigoureuse...

— Père ! dit Marie en interrompant M. de Villiers, que cette caille me paraît jolie depuis

que je connais son histoire, ses voyages! Sa tendresse pour ses petits et sa ruse pour les sauver
la rendent bien intéressante. Et puis, la caille
n'est pas aussi commune que ces vilains pier-
rots que l'on rencontre partout, et qui sont si
audacieux, qu'ils vous poursuivent quelquefois
dans les jardins avec l'air de vous demander à
manger. Simon et moi, nous en avions plusieurs
cet hiver que nous avions habitués à la mie de
pain chaque jour, et, lorsqu'il gelait très-fort et
que nous les avions oubliés, ils venaient bec-
queter les carreaux et faire un tapage infernal!

— Ne médis pas du moineau franc, ma
chère Marie, reprit M. de Villiers en riant, ce
que tu appelles le pierrot, c'est bien l'oiseau
le plus fin, le plus intelligent, le plus facile à
priver qu'il y ait au monde; ne lui fais pas un
crime de sa confiance et de la nécessité où il est
de chercher sa subsistance : il croit les hommes meilleurs qu'ils ne sont! Le pauvre petit
n'a contre lui que sa robe brune un peu commune et à laquelle nous sommes trop accoutu-
més; mais son allure est franche, vive, il s'attache, il nous aime!

2.

— Cela est si vrai, monsieur, reprit le père Guillaume, que je pourrais vous en citer une preuve ; et, si je ne craignais de vous tenir trop longtemps dans mon logis, peu disposé à recevoir des visiteurs tels que vous, je demanderais la permission de vous raconter une histoire à ce sujet.

— Oh ! monsieur Guillaume, dit Simon en regardant d'un air suppliant M. Villiers, je suis bien certain que mon père nous accordera cette permission.

— Mon père ! mon père ! vous voulez bien, n'est-il pas vrai ? ajouta Marie en lui prenant les mains.

M. Villiers tira sa montre.

— Neuf heures, dit-il ; allons, nous pouvons encore disposer de trois quarts d'heure. Mais, pour entendre votre histoire, père Guillaume, nous allons nous asseoir tous à la porte de votre maison qui donne sur le bois, car tous ces petits criards, siffleurs, parleurs, chanteurs, font un bruit désordonné, et la tête la mieux organisée n'y tiendrait pas longtemps.

Le garde s'empressa d'apporter des siéges ;
lui-même s'assit sur le banc de bois qui se trouvait à l'entrée, et commença ainsi.

CHAPITRE III

GEORGETTE OU LE MOINEAU FRANC

omme vous j'ai été jeune, bien qu'il y ait longtemps de cela; et je me souviens qu'alors demeurait dans la même maison que mon père un brave soldat mutilé sur le champ d'Austerlitz. En rentrant dans ses foyers, privé d'une de ses jambes, mais honoré du ruban des braves et d'une bien petite pen-

sion, il avait trouvé une femme aussi pauvre que lui, honnête comme lui : il l'avait épousée.

Une petite fille nommée Georgette fut le fruit de cette union. Tant que Brutus (c'était le nom de guerre du vieux soldat) et sa femme furent encore dans la vigueur de l'âge, ils supportèrent sans se plaindre un état bien voisin de la misère; mais un jour vint où les blessures du brave ne lui laissèrent plus la possibilité d'exercer la profession qui le faisait vivre, lui et sa famille; et, craignant au contraire de lui devenir bientôt à charge, il se trouva heureux qu'on voulût bien, en échange de ses longs services, l'admettre à l'hôtel des Invalides. Mais cette sorte d'exil du foyer conjugal était bien pénible au cœur de cet homme affectueux, et sa vie tout entière, sa pensée incessante, habitait avec sa famille.

Un coup terrible l'attendait cependant : sa femme mourut, laissant Georgette seule et à peine âgée de quinze ans. Heureusement encore que sa mère prévoyante lui avait donné une profession : elle venait de terminer tout récemment un long apprentissage de couture et de dentelle.

Brutus crut mourir de douleur; mais le temps, qui cicatrise tout, et plus encore la pensée qu'il était nécessaire à cette fille qu'il chérissait, finirent par calmer son chagrin, et, s'il garda toujours de sa femme le plus tendre souvenir, s'il ne pouvait jamais en parler sans verser des larmes, elles étaient moins amères.

A sa mort, il avait été décidé que Georgette habiterait seule la chambre où s'était passée son enfance, et que rien ne changerait dans les habitudes de la famille. La jeune fille savait travailler non-seulement à la couture, mais elle était aussi une habile brodeuse; elle était pleine de courage et d'activité, et de plus elle possédait cette raison prématurée que donne le malheur.

Elle rangea avec culte tous les petits objets qui avaient appartenu à sa mère; hélas! ils n'étaient pas luxueux! C'était un dé en argent que Brutus lui avait apporté dans ses jours de splendeur, et une paire de ciseaux en acier fin; après les avoir religieusement baisés, elle les avait mis sous un cylindre en verre dans lequel était conservé d'une manière toute patriarcale un bouquet virginal.

Lorsque Brutus vit ces objets, il détourna la tête pour cacher ses larmes à sa fille, et, du revers de sa main, il tâchait d'essuyer ses yeux; mais Georgette l'avait deviné, et tous deux se jetèrent dans les bras l'un de l'autre. « Ma fille! ma chère fille! répétait le brave homme en sanglotant, je n'ai plus que toi dans le monde! tu seras désormais ma seule joie, ma seule consolation! sois laborieuse et bonne comme elle; et jure sur cette croix d'honneur, que je suis fier de porter, que tu en seras toujours digne! N'oublie pas que, le jour où j'aurais à rougir de mon enfant, elle ne reparaîtrait jamais sur ma poitrine, car, tu le sais, chère petite, c'est notre noblesse à nous, la croix! ce sont nos titres, notre blason! »

Georgette avait promis, et Georgette avait tenu. Travaillant sans cesse, bonne, empressée avec tout le monde, elle était estimée et admirée par tous les gens de sa maison, qui l'avaient surnommée la *petite abeille*, tant à cause de son activité qu'en raison de sa belle chevelure blonde ; car il faut aussi vous dire que Georgette était belle, non de cette beauté de fantaisie à laquelle un nez retroussé, une bouche mutine, donnent de la valeur ; elle n'avait pas dans la démarche ce je ne sais quoi de la grisette de Paris ; elle n'avait rien de sémillant dans la tournure ; mais elle était belle de sa naïveté, de sa simplicité. Ses grands yeux bleus se baissaient avec modestie quand on la regardait, et son teint ordinairement blanc se nuançait d'un rose fugitif.

Assise près de la fenêtre sur laquelle Brutus cultivait avec succès la capucine et le pois de senteur, elle comptait avec impatience les onze coups que l'horloge sonnait chaque matin : c'était l'heure habituelle où l'invalide venait embrasser sa fille. Elle préparait aussitôt le feu si c'était en hiver, décrochait le bonnet de police du vieux soldat, écoutant toujours si son pas retentissant arriverait jusqu'à son oreille.

Quant au bon père, c'étaient chaque jour de nouvelles surprises. Aujourd'hui, c'était une giroflée qu'il avait secrètement élevée et qu'il apportait tout glorieux à sa fille. Une autre fois,

encore quelque beau fruit échangé par un ca-
marade contre sa portion de vin, dont il se privait alors sans regret, etc., etc.

Onze heures et demie avaient sonné depuis
longtemps à toutes les horloges du quartier;
Georgette commençait à s'inquiéter, et déjà elle
avait suspendu son travail pour s'accouder à la
croisée de la mansarde. Sa jolie figure, sérieuse
et pensive, disait assez son chagrin, lorsqu'elle
aperçut le vieux soldat arrivant plus vite que de
coutume, c'est-à-dire autant que le lui permettait
la secourable jambe de bois dont le temps lui
avait appris à se servir avec une adresse et une
dextérité inconcevables. Il y avait ce jour-là
dans sa démarche un certain air de contente-
ment qui n'échappa pas à la jeune fille; et, pendant qu'elle courait ouvrir la porte, l'invalide
avait déjà monté l'escalier. Sa figure était ra-
dieuse. Malgré le temps, qui était assez frais
(l'on était au commencement du printemps), il
tenait son chapeau à la main.

— Petite, dit-il à l'enfant en entrant, et avant
même que Georgette eût eu le temps de l'embrasser, petite, devine ce qu'il y a là.

En même temps il baissait mystérieusement les coins du mouchoir dont son chapeau était couvert.

— Oh ! dit la jeune fille en faisant une petite moue, voilà encore que vous voulez que je devine ! Vous savez bien pourtant que je me trompe toujours !... Tenez, père, dites-le-moi tout de suite, et je vous embrasserai...

— Petite câline ! reprit le brave homme presque vaincu, mais pourtant voulant encore garder les honneurs de la capitulation. Eh bien, voyons, devine au moins une fois...

— Ah ! j'y suis ! dit Georgette, c'est... un bouquet de violettes.

Un cri d'oiseau affamé se fit entendre en cet instant, et Brutus découvrit en riant un nid dans lequel s'étalait carrément un seul moineau franc, gros et couvert de plumes ; la couleur brillante de sa robe, l'éclat de ses yeux vifs et perçants, annonçaient la plus robuste santé.

— Un *pierrot !* dit Georgette en sautant de joie ; moi qui en désire un depuis si longtemps ! Mon petit père, mon bon père, comme vous pensez toujours à votre Georgette !

Et le bonhomme tendait ses joues flétries, tandis que la bouche vermeille de l'enfant venait y déposer un gros baiser.

— Mais, père, comment avez-vous eu ce nid?

— Ah! ceci, répondit le père Brutus, est toute une histoire. Figure-toi que je côtoyais le bâtiment de l'hôtel pour me rendre ici, lorsque mon attention se trouva tout à coup attirée par des criailleries d'oiseaux. Ils allaient, ils venaient, poussant toujours de grands cris sur un ton de colère. Je levai la tête, et je fus témoin d'une sanglante bataille; pas un ne reculait devant le danger : cela faisait plaisir à voir, les petits braves! Je pus bientôt deviner la cause de ce tapage. Un moineau, trop paresseux sans doute pour se donner la peine de faire un nid, s'était installé dans celui du voisin suspendu à la gouttière qui s'allongeait en ce moment au-dessus de ma tête. Il paraît que là, sans égard pour les justes réclamations des véritables locataires, M. Pierrot, d'un air de bravade à mettre en colère les plus pacifiques, se livrait, depuis quelque temps déjà, aux douceurs de la paternité.

Mais le jour de la justice était venu : une nuée

de moineaux vengeurs apparut tout à coup dans les airs, donnant le signal du combat. Ils arrivérent de tous les côtés à la fois, plus nombreux que ne le furent jadis les sauterelles qui s'abattirent sur l'Égypte. Puis tous, d'un commun accord et par un mouvement spontané, vinrent chacun à son tour reprocher au petit voleur sa mauvaise foi et son action déloyale, tournant tout autour de lui et lui administrant force coups de bec ; puis, pour terminer cette sanglante bataille, ils culbutent, ils renversent le nid, et le précipitent en bas avec les quatre petits, bien innocents, hélas! du crime de leur père!

Dans l'espoir de les préserver d'une mort certaine, j'étendis vivement mon mouchoir pour les recevoir. Trois d'entre eux vinrent se briser à mes côtés sur le pavé, tandis que celui-ci, empêtré dans l'entourage de foin, de plumes et de crin qui garnissait le nid, tomba dans le mouchoir sans avoir d'autre mal qu'un peu d'étourdissement qui s'est bientôt dissipé, puisque tu vois avec quel appétit il te demande à manger.

— Pauvre petit ! dit Georgette, émue des malheurs de l'orphelin ; je remplacerai ta mère, j'en ai déjà toute la tendresse.

On eût dit que Pierrot venait de comprendre les derniers mots de Georgette, car il prit un petit air soumis, allongea la tête et lui tendit son bec, implorant à manger, non de ce cri d'exigence que l'on eût pu remarquer il n'y avait qu'un instant, mais en enfant perdu qui cherche à attendrir sa protectrice et qui sent toute la délicatesse de sa position.

A partir de ce jour, rien ne pourrait exprimer la gentillesse, l'esprit, la gaieté de Pierrot : ce fut ainsi qu'on le nomma ; l'orphelin n'eut jamais de cage, il courait du matin au soir, fredonnant gaiement, aiguisant son petit bec jaune sur les bâtons des chaises, lissant sa robe brune et secouant parfois ses ailes nerveuses, comme s'il eût dû prendre son vol ; mais alors, je ne sais comment il se faisait que le moineau regardait Georgette, et qu'après avoir poussé deux ou trois petits cris qui ressemblaient à des cris de tendresse, il s'élançait sur ses genoux, sautait sur son épaule, de là sur sa tête blonde, et le lutin se plaisait alors à prendre un par un ses cheveux d'or, à les tirer avec espièglerie, à se mirer dans ses boucles d'oreilles, le coquet oiseau! puis il cassait le fil à dentelle de la jeune ouvrière, grimpait sur ses doigts mignons pour l'empêcher de travailler; si elle écrivait, il trempait ses pattes dans l'encrier, becquetait le papier et venait apposer son cachet, comme les grands seigneurs du moyen âge, dont l'ignorance en l'art d'écrire était alors un privilége.

Enfin, lorsque, impatientée de toutes ses lutineries, Georgette paraissait se fâcher et prenait sa plus grosse voix, Pierrot baissait son corsage souple et léger, tendait son petit bec en regardant la jeune fille d'un air soumis et repentant, et prêt à recevoir une correction qu'il comprenait avoir méritée.

Puis, se glissant adroitement dans la robe de Georgette, il demeurait là, caché des heures entières, sans bouger, sans donner signe de vie, jusqu'à ce que la faim l'obligeât à sortir de sa confortable retraite; c'était ainsi qu'il obtenait toujours son pardon.

Avec l'âge, le moineau avait pris de l'embon-

point et était devenu très-robuste ; il avait si
bon appétit, Pierrot ! Il est vrai qu'il n'était
pas difficile et qu'il s'accommodait de tout :
pain, viande de toutes sortes, vin et biscuit,
le petit gourmand mangeait et buvait dans l'assiette de sa maîtresse... Puis il butinait toute la
journée dans le buffet, dans le sucrier ! Que ne
passe-t-on pas à son enfant gâté !

Il faut le dire, l'orphelin reconnaissant ado-
rait sa maîtresse et avait trouvé le secret de se
faire aimer de toute la maison. Chaque jour, il
annonçait à Georgette l'arrivée de son père,
qu'il entendait venir du bas de l'escalier ; et, si
la porte entr'ouverte lui permettait de courir
au-devant de Brutus, il n'y manquait jamais,
attention que le brave·homme payait toujours,
soit de légers débris de biscuits, soit de mie de
pain, à défaut de choses plus succulentes.

Ce fut ainsi que vécut Pierrot, heureux et
content, pendant quatre années entières. Pourtant il lui arriva quelques accidents, tels que
d'être poursuivi par un chat dans l'escalier, de
se prendre la patte après un rideau, etc.; mais,
grâce à la sollicitude de sa jeune maîtresse pour

son fils adoptif, il était toujours sorti sain et sauf du danger, et il en avait été quitte pour la peur.

Mais voici qu'au bout de ce temps Georgette, le matin du jour de l'an, vit arriver son père avec une petite cage ronde très-coquette et peuplée de deux serins, le plus intéressant des ménages. C'était encore une surprise que lui faisait le bonhomme. « Puisqu'elle aime tant son moineau, qui n'est pas beau, s'était-il dit, que sera-ce de ceux-ci? »

Quand Georgette vit la cage, elle rougit de plaisir et courut faire admirer à toute la maison le charmant cadeau qu'elle venait de recevoir. A cette époque, les serins étaient récemment acclimatés en France; ils étaient rares, et on les estimait beaucoup pour leur joli chant et la beauté de leur plumage.

Voici donc la jeune fille très-occupée de sa nouvelle famille; elle caresse les oiseaux de la voix et du regard, et se complaît dans l'idée de leur apprendre à parler, à siffler des airs, à chanter, etc.

La cage est garnie de friandises de toute es-

pèce. Pendant ce temps, Pierrot, un peu délaissé, essayait de regagner par ses gentillesses
une tendresse que son intelligence lui disait
qu'il était sur le point de perdre.

Pauvre Pierrot! il ne réussissait pas toujours. Grimpait-il comme autrefois sur Georgette, elle le renvoyait durement; voulait-il
examiner d'un peu plus près ces nouveaux ve-
nus en sautant sur leur cage, on l'en chassait
avec un mouchoir, sous prétexte qu'il les effa-
rouchait; enfin, s'il essayait encore de becque-
ter dans l'assiette de sa maîtresse, on le traitait
de gourmand, de malpropre! Le pauvre moineau
n'eut désormais d'autre nourriture que les
miettes tombées de la table et les grains gaspil-
lés par les deux heureux serins!

Pendant le premier mois, la gaieté et la
bonne nature du moineau l'emportèrent sur de
tristes réflexions. Il était trop franc pour être
jaloux. Mais bientôt Pierrot ressentit au cœur
un malaise insupportable... puis une douleur
poignante... Pour la première fois, il sauta sur
une table et se regarda dans un miroir...

Il n'était pas beau! la comparaison le lui

Pour la première fois il sauta sur une table et se regarda dans un miroir...

apprit, et Georgette, qui l'avait si longtemps chéri, gâté, Georgette ne l'aimait plus !

Pourtant il se plaisait à en douter encore : on ne veut jamais croire ce qui afflige ! « Voyons, se dit-il à lui-même, ne nous prodiguons plus; elle m'appellera sans doute... » Alors il resta modestement perché sur la planche basse d'une table à ouvrage et ne fit plus entendre sa voix monotone. Appuyé sur une seule patte, la tête enfoncée sous l'aile, les yeux fermés, mais le cœur palpitant, Pierrot écoutait si la douce voix de Georgette ne le rappellerait pas. Il écouta un jour, deux jours. Hélas! le pauvre moineau était oublié.

Alors il tourna ses yeux tristes et tout bouffis de larmes vers la fenêtre entr'ouverte... S'éloigner eût été facile; mais quitter Georgette qui l'a nourri, Georgette qu'il aime tant! Oh! il n'a pas cet affreux courage, il ne l'aura jamais... L'ingrate !

Pierrot, résigné à mourir, ne se montra plus qu'à de rares intervalles; malgré sa triste résolution, l'instinct de la conservation le poussait quelquefois à prendre un peu de nourriture qu'il rencontrait çà et là, et qui ne faisait que prolonger encore sa longue agonie...

Un matin Georgette, en se réveillant, entendit chanter l'heureux couple, regarda la cage.

— Comme ils sont joyeux ! dit-elle.

Puis tout à coup la jeune fille frappa son front du revers de sa main :

— Et Pierrot, où donc est-il ? Pauvre petit ! je l'avais presque oublié !.. Aussi il est si criard, si gourmand, si volontaire !... Oui... mais comme il m'aime !

Georgette était bonne et sensible, elle s'était laissé entraîner à l'attrait de la nouveauté ; et, on le voit, elle comprenait ses torts, puisqu'elle se cherchait une excuse dans les défauts de celui qu'elle avait délaissé. Hommes et moineaux ont le cœur fait ainsi !

Alors de sa jolie voix d'autrefois elle appela Pierrot, mais Pierrot ne répondit pas... Elle appela, elle appela encore... Enfin un léger bruit, comme un frôlement d'aile qui se traine, se fit entendre sur le carreau du plancher.

Georgette sauta à bas de son lit, cherchant, inquiète, autour d'elle.

Elle poussa un cri... son cœur fut brisé... Elle aperçut une petite masse brunâtre, informe, couverte de cendre et de poussière, se traînant lentement et essayant encore d'arriver à cette voix tant aimée !...

— Pierrot! mon cher petit! combien je suis ingrate !

Et, le prenant entre ses mains, elle le réchauffa de son haleine, lui souffla du vin chaud sous les ailes...

Ce fut alors qu'elle put juger de tout ce que le moineau avait souffert... Ses yeux avaient perdu tout leur éclat; ses plumes étaient ternes et brisées, et c'était à peine si le battement de son cœur se faisait sentir.

A force de soins, Pierrot poussa un faible cri; il se sentait si heureux dans cette main qu'il aimait !

Le bonheur ramena l'oiseau à la vie, et, lorsque le bonhomme Brutus vint le lendemain, comme de coutume, pour embrasser Georgette, il ne vit plus ni la cage ni les deux serins.

— Pardonne, mon bon père... Ils m'avaient rendue ingrate, cruelle même, envers un petit être qui m'affectionne... Je les ai portés chez la voisine Annette, qui en prendra bien soin, et je pourrai les voir encore quelquefois. Désormais je n'oublierai plus que si le moineau franc est le plus modeste des oiseaux par le plumage, il est le plus intelligent et surtout celui qui s'attache le plus sincèrement à son maître.

Brutus pleura d'attendrissement en écoutant les douleurs du pauvre Pierrot.

— Bien, mon enfant, dit-il à sa fille en l'embrassant; il faut aimer qui nous aime! l'affection sincère se rencontre rarement, et l'ingratitude du cœur est le défaut le plus hideux, et pourtant le plus fréquent.

Pierrot fit encore longtemps la joie de Georgette; il vécut heureux, et, chose rare, il mourut sans accident.

— Votre histoire est charmante, mon cher Guillaume, dit alors M. Villiers; elle a non-seulement le mérite de nous offrir les mœurs exactes du moineau franc en domesticité, mais encore elle fournit une moralité dont beaucoup d'hommes pourraient prendre leur part.

— Oh! merci, monsieur Guillaume, merci!

dirent à la fois Simon et Marie, pour tout le plaisir que vous nous donnez aujourd'hui !

— Et moi, ajouta la jeune fille, qui n'aimais pas les moineaux ! Pauvres petits ! comme ils sont aimables et attachés !...

— Ils ne sont pas ainsi à l'état libre, mes enfants; au contraire, le moineau des champs est plein de défiance et de ruse; rarement il donne dans les piéges que préparent les chasseurs; il les comprend, il les devine, et, lorsque la faim le pousse dans l'intérieur des habitations, s'il frappe de son bec aux carreaux pour demander son pain, c'est que cette fenêtre est fermée; jamais il ne se risquerait à franchir le seuil d'une porte. Son œil est si perçant et son intelligence si grande, qu'il voit à une distance très-éloignée semer le grain et qu'il en avertit les siens. Celui qui habite la campagne fait son nid sur le sommet des plus hauts arbres. Dans l'intérieur des villes, il niche dans les trous de murailles.

Pour rendre leur nid plus doux, ils vont au loin chercher les plus petits objets à leur convenance qu'ils peuvent rencontrer, tels que des plumes, de la laine, du coton, des bouts de ruban, etc.; mais ils entassent sans art tous ces matériaux, et sont loin d'avoir en cela l'adresse de certains oiseaux.

Les moineaux qui vivent dans les champs sont véritablement une calamité pour les cultivateurs. Les blés, les fruits, le raisin, tout est du goût de ces petits pillards. Ils arrivent en bandes nombreuses, multiplient avec une rapidité inconcevable, et causent ainsi de grands dégâts; aussi on les tue sans regret, malgré leur gentillesse et leurs qualités aimables.

Une dame fort riche et que j'ai beaucoup connue avait pour les moineaux une véritable passion; elle aimait leur hardiesse, leur courage, et même leurs petites ruses. Seule, elle se promenait souvent dans ce beau jardin qui a déjà vu tant de rois et de règnes, le jardin des Tuileries. Là elle aimait à suivre des yeux leurs jeux, leurs querelles, leurs batailles à·propos d'une bribe de pain, d'un débris de fruit. Cela lui donna l'idée de léguer à sa mort une somme assez forte pour une distribution journalière de gâteaux en miettes dans le grand carré de parterre du jardin.

Chaque matin, à midi précis, un homme chargé de ce soin, porteur d'un long sac qu'il tenait sur l'épaule, entrait par la grille du pont Royal. A peine était-il entré, que tous les moineaux le suivaient par bandes, s'appelant, s'agitant, sautant de branche en branche et arrivant de tous les côtés à la fois. Les petits rusés connaissaient l'heure de la distribution et se tenaient à ce moment dans les alentours; plusieurs fois j'ai assisté à ce singulier spectacle, je les ai toujours vus sortir par milliers aussitôt l'arrivée du domestique, qui, une fois au grand carré, jetait à la volée cette manne que le ciel leur envoyait et qu'il leur distribuait par ses mains.

Il faut croire que cette singulière dotation a fait naître quelques inconvénients que la testatrice n'avait pas prévus, car je ne pense pas qu'aujourd'hui cela ait encore lieu.

En cet instant M. Villiers tira sa montre.

— Dix heures! dit-il, et ma femme qui nous attend pour déjeuner!

— Oh! maman ne s'impatiente jamais! reprit Simon.

— Elle est si bonne! dit à son tour Marie.

— Allons, enfants, prenez vos chapeaux, et partons. Nous rentrerons par la petite porte du bois qui donne dans le parc, c'est le plus court. Au revoir, père Guillaume! Je vous remercie pour mes enfants de votre touchante histoire.

M. Villiers tendit cordialement la main au brave homme, qui, tout flatté de cet honneur, tenait sa casquette basse.

— Au revoir, monsieur Villiers, dit-il. N'oubliez pas que lorsque M. Simon et mademoiselle Marie auront un moment à perdre, ils peuvent disposer de ma maison. Ils ont vu une partie de mes oiseaux, mais je n'ai pas eu le temps de les leur faire remarquer; chacun viendra à son tour. Ainsi, à votre service!

— Merci, merci, père Guillaume! crièrent à la fois les deux jeunes enfants. Nous reviendrons aussitôt que *père* nous le permettra.

Le retour fut des plus gais. L'air frais du matin et l'exercice avaient aiguisé l'appétit d'une façon nouvelle. L'histoire de Georgette fut naïvement racontée au déjeuner par Marie, et fit presque pleurer la bonne madame Villiers.

—Bien, ma chère fille ! dit-elle en l'embrassant. Je vois que tu as le cœur sensible et bon, et si les malheurs d'un pauvre *pierrot* ont fait couler tes larmes, tu ne verras jamais d'un œil sec le chagrin de tes semblables !

CHAPITRE IV

LE CORBEAU TRESSEUR DE CORBEILLES
LES MÉSANGES. — LES HIRONDELLES ARCHITECTES

e lendemain, le temps était superbe.

— Allons, dit M. Villiers en entrant dans la chambre de Simon; le soleil dore la cime des arbres, veux-tu venir avec moi? Puisque tu aimes tant la chasse, je prendrai mon fusil.

— A la chasse! dit Simon, rougissant moitié

de surprise et moitié de plaisir. Et Marie viendra-t-elle avec nous?

— Marie dort encore, reprit M. Villiers, et je n'ai pas jugé convenable de l'éveiller. Le cœur humain a de lui-même d'assez mauvais instincts sans qu'on les développe par la vue d'une cruauté que l'on est convenu d'appeler une récréation.

— Mais alors, père, comment se fait-il que tu consentes à me procurer ce plaisir?

— Viens toujours, dit en souriant M. Villiers; les pères ont aussi leurs secrets.

Simon se leva promptement; il était inquiet, et ressentait une sorte de trouble qui ressemblait parfois à un remords.

— Père, est-ce que nous allons tuer des oiseaux?

— Mais, sans doute. Pourquoi cela?

— C'est qu'il me semble que je ne voudrais pas maintenant voir tirer un coup de fusil sur une caille ou sur un moineau franc, depuis que je connais leurs mœurs...

— Alors, mon fils, il faut renoncer à en tuer aucun, car tu trouveras dans chaque espèce le même intérêt, la même intelligence, le même amour maternel. Je suis pourtant moins scrupuleux que toi, et je me vois souvent forcé de tuer ces gentils moineaux francs qui t'intéressent, car ils ne laisseraient pas une cerise dans nos vergers, pas un grain de raisin dans nos vignes; mais c'est toujours avec regret et comme une nécessité. Quant aux autres petits oiseaux, ceux que l'on nomme les becs-fins, je les respecte; ils nous débarrassent des chenilles et des insectes, dont ils font leur unique nourriture, et nous devrions remercier le ciel de nous les envoyer.

Nous allons aujourd'hui, dit M. Villiers en ouvrant la porte du parc, tourner nos pas vers la plaine. Hier, nous avons parcouru le bois, et nos pieds, fatigués des bruyères et des racines traînantes, aimeront à se reposer sur la pâquerette et le bouton d'or.

Simon suivait son père à quelques pas de distance, lorsque M. Villiers, se retournant tout à coup, lui dit :

— Vois-tu là-haut, sur cet énorme pommier dont les fleurs roses commencent à se montrer, vois-tu se dessiner la silhouette du corbeau-

corneille, que l'on nomme vulgairement corbeau?

— Je le vois parfaitement.

— Il est là placé en sentinelle; il veille à la
sûreté de la troupe, qui, en ce moment, est répandue dans les environs pour chercher sa nourriture. C'est le doyen de la bande, sois-en sûr;
c'est à sa vieille expérience que tous se confient.
Admire avec quel discernement il s'acquitte de
ses fonctions !

Voici devant nous deux cultivateurs débou-
chant du sentier tournant qui nous met encore
à l'abri de la vue de l'oiseau. Ils vont passer tout
près de l'arbre sur lequel il est perché... Les
voici... L'un de ces deux hommes porte sur son
épaule une faux dont la lame large et brillante
étincelle sous les rayons du soleil. L'autre est
muni de divers instruments : un râteau, un panier, des sacs, tous objets qui, par leur volume,
seraient propres à effrayer une sentinelle moins
expérimentée... Il n'en est rien cependant, et
l'oiseau rusé semble même braver les deux passants, car il vient à l'instant de descendre de
son observatoire et de ramasser à leurs pieds

Le voilà qui remonte sans se presser vers le poste que la confiance
de ses compagnons lui a assigné.

quelques insectes dont il fera provisoirement sa nourriture. Le voilà qui remonte, sans se presser, vers le poste que la confiance de ses compagnons lui a assigné.

Mais nous voici nous-mêmes parvenus au point du sentier d'où il peut commencer à nous apercevoir... Pourquoi ces cris, cette agitation? La troupe est avertie, un danger la menace... Toute la bande se rassemble et part dans les airs, s'élevant à perte de vue. Est-ce que nous les avons effrayés? Cependant notre costume n'a rien de tranchant : nos vêtements sont gris, ma casquette de chasse peu apparente. Mais, à la première inspection, maître corbeau a reconnu que je portais un fusil, et, s'il a bravé la faux du cultivateur, il connaît la portée de l'arme à feu !

—Vraiment, mon bon père, dit Simon étonné, si je ne l'avais pas vu, je ne pourrais pas le croire. Quelle ruse! quelle finesse !

— Tu viens d'avoir un exemple de cette intelligence des oiseaux que je t'ai signalée. Avec le temps et un peu d'observation, tu retrouveras à chaque instant les mêmes preuves, les mêmes exemples.

Ce corbeau-corneille est beaucoup plus petit que le véritable corbeau. Sa queue est plus carrée, son bec moins arqué. Les corneilles se tiennent, l'été, dans les bois et les grandes forêts. Elles se nourrissent de tout, de graines, d'insectes, de vermisseaux, de chair corrompue; elles pêchent même de petits poissons sur le bord des rivières et sur les grèves que la mer abandonne. En hiver, elles se rapprochent par bandes des habitations; le soir, elles vont dans les bois, où elles font retentir l'air de leur cri rauque et sauvage. De même que le grand corbeau, la corneille est susceptible d'éducation. Elle s'apprivoise, apprend à parler, et dérobe tout ce qui brille. Elle fait son nid dans les bois et les vergers, sur les arbres élevés.

Quant au grand corbeau, que l'on confond généralement avec la corneille, il est beaucoup plus rare aux environs de Paris.

Le goût de cet oiseau pour les cadavres est très-connu, et le meilleur professeur d'anatomie n'arriverait pas à les disséquer avec plus de talent et de propreté. Le grand corbeau vit avec sa femelle, mais isolément.

Quand un couple de ces oiseaux choisit un endroit pour faire son nid, il en fait sa résidence habituelle et ne l'abandonne qu'avec peine ; c'est ordinairement une retraite abritée des vents du nord, tels que le sommet des vieilles tours, les trous des vieux murs, et quelquefois les branches d'un arbre très-élevé.

Un célèbre naturaliste raconte l'histoire de deux corbeaux qui avaient fait leur nid dans un petit bois appelé le *Couteau de Losel*, à Selborne. « Dans le milieu de ce bocage, dit-il, s'élevait un chêne qui, quoique bien fait d'ailleurs, portait autour de sa tige une énorme excroissance. Sur ce chêne, un couple de corbeaux avait fait sa résidence depuis tant d'années, qu'il était distingué par le titre de *Chêne aux corbeaux*. Les enfants des environs avaient fait de nombreux essais pour se procurer un de ces nids ; mais c'était en vain, car, une fois parvenus à l'exubérance, il leur était impossible d'arriver plus haut. Les plus hardis durent y renoncer. Aussi les corbeaux bâtirent-ils nid sur nid, en parfaite sécurité, pendant de longues années et jusqu'à l'arrivée du jour fatal où le bois devait être rasé! C'était au mois de février, époque où ces oiseaux ont l'habitude de couver; la scie fut mise au pied de l'arbre, le coin inséré dans le trait, le bois retentit des coups d'un pesant marteau, l'arbre penchait déjà, et la pauvre femelle couvait encore! Enfin le géant tomba, l'oiseau fut jeté hors du nid, et, quoique sa courageuse tendresse méritât un meilleur sort, il fut écrasé sous la chute de l'arbre! »

Le corbeau, ainsi que la pie et la corneille, fait son nid avec de longues racines traçantes, des branches flexibles entrelacées et formant une grossière corbeille; l'intérieur est garni de laine, de crin, de plumes, en un mot de tout ce que l'oiseau a pu trouver de plus douillet pour y déposer ses enfants. Le corbeau est ainsi rangé dans la classe des oiseaux faiseurs de corbeilles, car son nid, comme celui de la corneille, en a positivement l'aspect et la forme.

Mais vois-tu là-bas, suspendus au toit de cette grange, ces milliers de petits maçons, bâtissant avec du mortier délayé? Ce sont des hirondelles. Regarde : en voici qui réparent d'anciens

nids: d'autres en construisent de nouveaux;
elles ne manquent ni de bois ni de foin pour
unir leurs matériaux; elles savent faire un ci-
ment avec lequel elles construisent un édifice
aussi sûr que commode. Elles n'ont ni vase pour
mettre de l'eau, ni tombereau pour le sable, ni
pelle pour mêler leur mortier; mais elles passent et repassent mille fois sur la pièce d'eau
qui se trouve à l'entrée de la ferme; elles lèvent
leurs ailes et mouillent leur poitrine à la surface de l'eau, la répandant comme la rosée sur
la poussière, et travaillant ensuite cette boue
avec leurs petits becs.

Le martinet, qui est une variété de l'hirondelle, fait son nid vers le milieu du mois de mai,
si le temps est beau. La croûte ou la coque de ce
nid est formée de boue consolidée avec de petits
morceaux de paille. Comme cet oiseau a l'habitude de bâtir contre un mur vertical, sans cor-
niche au-dessous, il a besoin d'apporter la plus
grande attention dans la construction des fon-
dations, afin que le reste de l'édifice ait quelque
solidité. Pour cette importante opération, le
petit ouvrier maçon s'attache fortement avec les

ongles contre la muraille et se soutient aussi en partie en appuyant sa queue contre le mur; ainsi établi, il maçonne et travaille à son aise. Afin que l'édifice, encore mou et frais, ne soit pas entraîné à terre par son propre poids, l'architecte a le soin de ne pas l'avancer trop vite, ne travaillant que le matin et consacrant le reste du jour à chercher sa nourriture. Il donne ainsi à ses matériaux le temps de sécher et de durcir, et n'ajoute par jour qu'un demi-pouce environ. De même des maçons intelligents ne bâtissent que peu à peu un mur de terre, afin d'assurer la solidité de leur travail, et peut-être le martinet leur a-t-il servi d'exemple.

En dix ou douze jours se trouve formé un nid hémisphérique avec son ouverture au sommet, solide, compacte, chaud et parfaitement d'accord avec les exigences de l'usage auquel il est destiné.

On compte un grand nombre de variétés d'hirondelles : l'hirondelle de fenêtre, de cheminée, de grange, l'hirondelle de mer, toutes ont à peu près les mêmes mœurs, et ne diffèrent que dans la manière de faire leurs nids et de choisir le lieu qu'elles habitent.

Toutes émigrent l'hiver et vivent en société; la plupart font leurs nids en commun.

L'hirondelle est aimée de tout le monde : elle nous arrive quand la nature prend son aspect le plus riant, et reste près de nous pendant les beaux mois de l'année. « C'est l'oiseau favori, rival du rossignol, dit un auteur anglais. Elle ravit les yeux, comme celui-ci charme les oreilles; c'est le joyeux prophète de l'année, le messager de la belle saison. L'hiver lui est inconnu, et en automne elle abandonne les vertes prairies d'Angleterre pour les myrtes et les orangers d'Italie, pour les palmiers d'Afrique. »

C'est le seul oiseau que l'homme, dans son amour pour la chasse, ait toujours respecté. A la ville, à la campagne, on est persuadé que l'hirondelle est d'un présage heureux, et malheur à la main sacrilége qui priverait la grange ou la maison de ce talisman vénéré !

Les hirondelles s'aiment entre elles, et, moins égoïstes que les hommes, elles ne s'appellent jamais en vain dans le danger. M. Cuvier en raconte un exemple touchant :

« Une jeune hirondelle s'était laissé enfermer un jour dans une des grandes salles de l'Institut, où l'on ne se réunissait que chaque mois. Le domestique chargé du nettoyage de l'appartement fut très-surpris en y entrant, au bout de vingt jours, de trouver cet oiseau plein de vie et de santé, mais très-effarouché à sa vue. Il chercha en vain de tous côtés pour avoir la solution de ce problème, mais il ne trouva pas la moindre ouverture par laquelle il eût pu entrer récemment. Dans sa surprise, il résolut de se cacher. Il était établi depuis une heure environ derrière le rideau d'un cabinet, qui servait à le dérober à la vue, lorsqu'il entendit un appel auquel répondit aussitôt la petite prisonnière ; puis l'appel fut suivi de gazouillements très-doux, et absolument semblables à ceux d'une mère qui donne à manger à ses enfants.

« Quel ne fut pas alors l'étonnement du domestique en voyant l'hirondelle s'approcher, se cramponner au coin d'un des carreaux de la fenêtre et recevoir ainsi de ses compagnes une nourriture dont la privait sa captivité ! Après avoir enlevé juste assez de mastic au coin de la

Elles venaient l'une après l'autre apporter le produit de leur chasse.

vitre pour y passer le bec, elles venaient l'une après l'autre apporter le produit de leur chasse ! »

Le domestique s'empressa de donner la liberté à la petite prisonnière, et M. Cuvier a consigné ce fait dans ses intéressants mémoires.

Ces pauvres petits oiseaux méritent bien la prédilection toute particulière dont ils sont l'objet : ils vivent uniquement de moucherons qu'ils attrapent au vol, et ne touchent jamais ni aux fruits ni aux grains.

Lorsque l'hiver approche, que le moucheron devient rare, le conseil se rassemble... Il faut aller chercher au loin un climat plus doux et une nourriture plus abondante.

Voici les escadrons voyageurs qui se rangent, qui s'organisent... Déjà les plus expérimentés ont donné le signal du départ; mais il y a toujours quelques retardataires... En attendant, elles discutent à grand bruit, sans doute sur les lieux qu'elles devront parcourir, sur l'ordre à tenir pendant ce long voyage. Pauvres petites exilées! combien d'entre elles n'atteindront pas les bords d'une autre rive! combien ne reverront pas la fenêtre, la grange, la cheminée, où se trouve encore suspendu leur berceau! Heureuses si, en s'accrochant aux flancs, aux voiles des navires, elles peuvent reposer leurs ailes battues par la tempête et résister aux nombreux accidents qui en détruisent chaque année un si grand nombre!

— Oh! mon bon père, dit Simon, que ces petits oiseaux me font maintenant de plaisir à voir! je ne sais, mais j'ai toujours eu l'idée d'en posséder un de préférence à tout autre.

— Sans doute parce que cela est impossible, et l'homme est fait ainsi : ce qu'il désire le plus est toujours ce qu'il ne peut obtenir! La nature de l'hirondelle ne se prête pas à la domesticité, et, outre cela, où pourrait-on chasser sans cesse les petits insectes dont elles vivent?

— C'est vrai, je n'avais pas songé à cela.

— Observe-les dans leurs travaux, cela t'amusera beaucoup et ne les gênera pas; ils sont familiers et semblent ne pas craindre l'homme, qui n'est jamais hostile à leur égard.

— Oh ! père, père ! vois donc, vois donc ce joli oiseau bleu ; c'est sans doute celui que M. Perrault a désigné dans son joli conte de l'*Oiseau bleu* ! J'avais cru jusqu'alors qu'il était purement idéal.

— C'est la petite mésange bleue, mon ami, et, si ce n'est pas elle qui a inspiré Perrault, nous lui devons au moins une charmante nouvelle d'un auteur plus moderne, M. Élie Berthet.

Ce sont de très-petits oiseaux, comme tu peux en juger, et l'on en connaît plusieurs variétés ; ils sont tous très-vifs, très-intelligents, et le plus souvent parés de jolies couleurs. On les voit ordinairement voltiger de branche en branche, grimpant et se suspendant par les pattes dans tous les sens. Leur bec, quoique petit, possède une grande puissance et leur permet facilement de casser les noix, qu'ils aiment beaucoup, et les noyaux, dont ils mangent les amandes. Ils se nourrissent aussi d'insectes, de graines qu'ils brisent avec leur bec, etc. Les femelles pondent souvent jusqu'à quinze et même dix-huit œufs.

Quoique les mésanges soient farouches, presque indomptables, elles s'aiment cependant entre elles. La petite mésange bleue, que tu as à peine aperçue près de ce saule, se rencontre souvent dans les jardins; elle a le sommet de la tête bleu clair avec une raie transversale sur les tempes et un collier d'un bleu plus foncé; elle est jaune en dessous.

Cette espèce voyage en famille et se porte un mutuel secours. Si l'une d'elles s'est laissé prendre au lacet, toutes les autres arrivent pour la délivrer; elles ont même l'adresse de défaire les doubles nœuds de fil ou de ficelle avec lesquels le chasseur la retient prisonnière. Cette espèce d'affection mutuelle de ces petits oiseaux ne les empêche pas d'être très-cruels envers les autres espèces; ils attaquent les plus petits, dont ils brisent le crâne et mangent la cervelle. Lorsque l'on enferme une mésange dans une cage avec d'autres oiseaux, le lendemain l'on ne trouve plus que des cadavres; et, si la cage est en fil de fer, elle aura certainement, après son massacre, trouvé le moyen de s'évader. Cependant, si la solidité du fil de fer ne lui laissait pas espérer de venir à bout de son projet d'évasion, alors le petit oiseau charpentier se servira de son bec comme d'un coin, qu'il enfoncera avec vivacité dans les jointures des planches jusqu'à ce qu'il soit venu à bout de les faire sauter pour recouvrer sa liberté. Les mésanges creusent leurs nids dans le tronc des vieux saules : elles portent les débris de bois dans leur bec à quelque distance, afin de ne pas encombrer le trou de poussière, ayant soin de faire l'entrée bien plus étroite que le fond, qui est destiné à recevoir le nid. L'intérieur est tapissé de soie de chardon et quelquefois de laine.

D'autres espèces font aussi leur nid de différentes façons : la mésange *Remiz* ou *penduline*, qui habite les marais et les bords des petites rivières, fait son nid en forme de bourse, et elle le suspend aux rameaux des arbres qui croissent sur le bord des eaux; ce charmant petit nid est tissu avec cette espèce de coton blanc que l'on trouve dans les graines du saule. On connaît aussi la mésange *charbonnière :* sa tête est noire, avec un triangle blanc sur chaque joue; elle niche dans les vieux murs. Mais ses mœurs n'ont rien de remarquable, et elle ne peut intéresser que par son joli plumage.

— Ainsi, père, tu m'as déjà fait connaître parmi ces petits êtres un anatomiste tresseur de corbeilles, le corbeau ; l'hirondelle et le martinet, architectes maçons, et la mésange, oiseau charpentier!

Oh! que Marie sera contente quand je vais lui raconter tout cela!... Mais tiens, père, désormais n'emporte plus ce vilain fusil, il effrayerait tous nos jolis chanteurs, et j'ai tant de plaisir à les observer!

Marie attendait son frère et son père à la porte du parc, et sa jolie figure faisait une petite moue fort comique.

— Allons, ne m'en veux pas, ma bonne sœur, je suis en fond pour t'amuser toute la matinée.

— Méchant! pourquoi ne m'as-tu pas réveillée?

— Parce que, répondit M. Villiers, les petites filles ne doivent courir les champs qu'après le lever du soleil et lorsque l'humidité de la rosée est passée. Mais un de ces jours, très-prochain,

nous partirons plus tard, et tu seras des nô-
tres.

Marie était douce et facile à satisfaire ; elle
prit gaiement le bras de son frère, et l'on n'était
pas encore parvenu à la maison que déjà elle
connaissait une partie de ce que nous venons de
raconter et répétait avec une joie naïve : « L'oiseau bleu ! l'oiseau bleu ! »

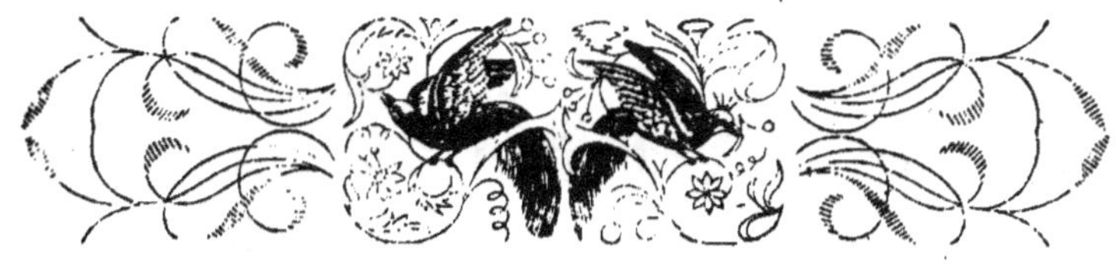

CHAPITRE V

LINOT DE VILLE ET LINOT DES CHAMPS.

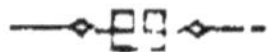

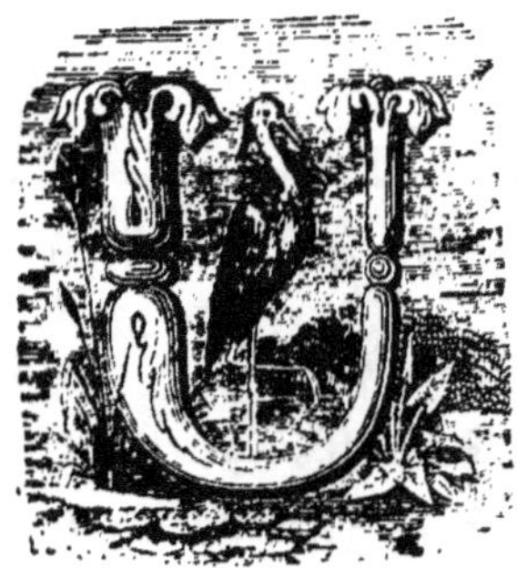n jour que Simon rentrait
avec son père, tout préoc-
cupé encore d'une déli-
cieuse promenade qui avait
retardé quelque peu l'heure
habituelle du déjeuner, il
entendit une petite voix crier :

— Monsieur Simon ! monsièur Simon !

L'enfant n'entendait pas d'abord, mais enfin
il se retourna.

— Monsieur Simon ! venez donc voir !

Et, entraînant l'enfant jusqu'à sa demeure, Pierre, le fils du jardinier, lui montra deux linottes, déjà toutes couvertes de plumes. L'on pouvait déjà facilement juger de la beauté de leur robe naissante : leurs petites têtes étaient rouges, le dos d'un brun fauve, le ventre jaunâtre, et la queue bordée de blanc pur. Il ne manquait à leurs jolies ailes qu'un peu de hardiesse pour prendre leur essor.

— Oh! les jolis oiseaux! Tu appelles cela des linots, Pierre? Donne-les-moi vite, je vais demander à mon père s'il veut que je les garde !

— Je ne demande pas mieux.

— Mais, ajouta Simon, dont le visage était tout à coup devenu sérieux, s'il allait gronder! car il a expressément défendu de dénicher ses petits musiciens, ainsi qu'il les appelle.

— Oh! rassurez-vous, not' monsieur, ni moi ni personne n'oserions déranger un oiseau du parc, reprit Pierre; c'est en traversant la forêt que je les ai trouvés au pied d'un arbre, sur le gazon. Peut-être seront-ils tombés en essayant leurs ailes.

— Alors donne, donne vite.

Et, formant un nid du creux de sa main, Simon rentra en courant.

— Vois donc, père, vois donc les charmants oiseaux! Le petit jardinier les a trouvés dans la forêt; il dit que ce sont des linots.

— Il a raison; ces oiseaux s'élèvent bien en cage; ils apprennent même à parler; leurs mœurs sont très-douces; ils vivent parfaitement avec les serins, et c'est de leur ménage que nous viennent les serins verts... Mais ne dis-tu pas que Pierre les a trouvés au pied d'un grand arbre? Cela m'étonne, ajouta M. Villiers en hochant légèrement la tête, car habituellement ce joli oiseau fait son nid dans les buissons avec un mélange d'herbes et de crin entrelacés; il tapisse l'intérieur avec de la laine de mouton. Peut-être Pierre les a-t-il dénichés, le petit drôle! Mais, comme ce n'est pas dans le parc, je n'ai rien à dire à cela. En attendant, tu peux toujours les mettre dans une cage et essayer de les apprivoiser... Comme ils sont déjà forts, tu feras bien de les priver de lumière pendant quelques jours, c'est le meilleur moyen pour qu'ils ne se brisent pas les membres en essayant de sauter le long des barreaux.

. Simon suivit les conseils de son père, et les petits s'en trouvèrent bien; on eut d'abord un peu de peine à leur faire accepter la nourriture que l'on avait préparée pour eux; mais ils finirent par s'en accommoder, et, au bout de quelques jours, ils étaient aussi familiers que s'ils eussent été pris plus jeunes. Bientôt leurs plumes s'épaissirent, s'allongèrent, et ils devinrent d'une beauté remarquable.

Il y eut bien entre Simon et Marie quelques différends relatifs à la possession des deux oiseaux. La jeune fille en voulait au moins un. Mais comment les séparer, sans risquer de les faire mourir? Enfin il fut convenu que Marie en prendrait tous les soins, veillerait exactement à ce que rien ne leur manquât, et que Simon, sans perdre ses droits de propriété, les abdiquerait chaque fois qu'il serait absent. Cela se pratique souvent ainsi entre frère et sœur.

Dire tout le bonheur dont les deux petits oiseaux furent entourés serait presque chose impossible. Dans une jolie cage en bois de citronnier, à barreaux dorés, et avec des incrustations en nacre de perles, on avait réuni tout ce que les jeunes musiciens pouvaient désirer de plus confortable : voûte de verdure en millet et seneçon des plus exquis, tapis de frais mouron, baignoire, jeux de bague et de balançoire. Il va sans dire que les biscuits, les colifichets, les graines les plus délicates, abondaient dans cette petite oasis, où rien ne manquait... si ce n'est pourtant la liberté !...

Les deux linots recevaient chaque jour des leçons de toutes sortes : Simon sifflait au mâle des airs avec une patience incroyable; Marie apprenait à parler, de sa voix la plus douce, à la femelle, et se chargeait de faire tourner, pendant des heures entières, un instrument approprié à la capacité des jeunes artistes, et que l'on appelait, dans ces temps naïfs, une serinette.

La cage était pendue au plafond, vis-à-vis d'une vaste croisée donnant sur le parc; de là, nos deux oiseaux pouvaient suivre des yeux le vol inconstant d'une foule de petits habitants des bois du voisinage; ils écoutaient leur chant

capricieux et sonore; ils les voyaient se jouer,
se perdre, se chercher à travers des masses im-
menses de verdure... Bientôt, hélas! leur palais
leur parut mesquin!... leur verdure pâle et
sans fraîcheur... et leurs jeux des jeux de
poupée! Ils enviaient cette liberté qu'ils ne
connaissaient pas, et des soupirs étouffés s'é-
chappaient parfois de leur ingrate poitrine!

Il faut le dire cependant, un seul des deux
oiseaux était véritablement atteint de cette ma-
ladie . c'était le mâle; la femelle, plus sage, et
surtout plus résignée (c'est un privilége de son
sexe), se serait trouvée heureuse, si les plaintes
continuelles de son frère n'eussent empoisonné
son existence... Sa prison, pour être belle, n'en
était pas moins une prison! On abusait du droit
des gens! on l'exploitait, disait-il... Bref, il ne
serait heureux que le fortuné jour où il pourrait briser sa chaîne et où il aurait cessé d'être
esclave!

Or, un jour que Julie, la jeune femme de
chambre de madame Villiers, venait d'apporter
une friandise aux deux prisonniers, elle oublia
de fermer la cage. La croisée était restée en-

tr'ouverte... Tout à coup elle vit l'un des deux oiseaux s'élancer par la fenêtre et aller s'abriter sur un arbre très-élevé du parc; Julie poussa un cri, elle crut un instant qu'ils étaient partis tous deux. Ce fut donc avec un sentiment de joie qu'elle retrouva la femelle perchée sur un bâton, et suivant tristement de l'œil son compagnon et son frère.

Bientôt Marie, Simon et Pierre, furent à la recherche du petit vagabond, qui, comme pour se jouer de son jeune maître, ne manquait pas de se laisser approcher par lui à très-peu de distance; puis, en poussant un cri d'espiègle comme un écolier insurgé, s'élançait de branche en branche, d'arbre en arbre...

La journée se passa en poursuites inutiles, et force fut enfin d'abandonner l'ingrat, qui payait ainsi les soins les plus tendres et l'affection la plus sincère.

Voilà donc Vert-Vert libre, indépendant; car il faut que vous sachiez qu'après avoir longuement délibéré sur le nom qu'il devrait porter on lui avait donné ce nom célèbre. Dire tout ce qui se passa de joie et d'enivrement dans la tête de ce jeune écervelé serait impossible et resterait au-dessous de la vérité ; il en fut tout d'abord comme étourdi ; il ramassa en route quelques brins de biscuit que le pauvre Simon lui avait présentés le matin d'une main suppliante, et qu'il avait fini par lui jeter au loin. Le rusé, qui avait paru dédaigner cette amorce, était revenu plus tard s'en emparer sournoisement.

La nuit étant venue, Vert-Vert parvint à un arbre très-élevé ; il se posa sur la cime d'une branche flexible que le vent balançait, et jeta un regard de fierté et d'indépendance sur l'espace qui l'entourait. Puis, après s'être blotti chaudement, la tête cachée dans l'aile, notre jeune imprudent s'endormit du sommeil le plus profond, avec une vive impatience de voir venir le jour.

A peine le soleil eut-il commencé à dorer l'horizon, que l'oiseau entendit autour de lui des gazouillements étranges. Ce n'était pas là le langage des linots... Il ouvrit les yeux. A leur grosse voix un peu rauque, à leurs allures carrées, il reconnut une troupe de moineaux francs.

Vert-Vert battit des ailes et voulut se présenter en ami... Mais un langage tout à fait inconnu des moineaux éleva aussitôt de nombreux débats. Les plus prudents de la troupe
furent d'avis que cet étranger était un espion ;
sa livrée dorée leur parut des plus suspectes.
On décida entre tous qu'il n'avait ni la tenue ni
les allures d'un oiseau des champs, et qu'il n'a-
vait pu se trouver à l'improviste placé aussi
près d'eux que pour surprendre leurs secrets ou
épier leur conduite, et que le mieux serait d'en
faire justice.

Les plus jeunes, et par cette raison les moins
défiants, opinèrent pour qu'on le renvoyât la
vie sauve et seulement après bonne correction,
attendu que sa démarche si hardie n'était peut-
être qu'une imprudence due à son jeune âge et
à son inexpérience.

Là-dessus, une douzaine des plus querelleurs
vinrent haranguer le linot à grand renfort de
coups de bec, pour le faire déloger... ce que le
pauvre oiseau fit au plus vite, quoique en tremblant de tous ses membres; car, il faut le dire,
s'il n'était pas précisément poltron, sa vie pri-

vée lui avait au moins donné des goûts on ne
peut plus pacifiques.

Le voilà donc qui s'enfuit à tire-d'aile; il
passe avec rapidité sur les hautes murailles qui
entourent le parc... Adieu, doux palais où s'é-
coula son enfance! Adieu, soins et caresses! et
vous, gentille compagne de sa vie! Il a tout
quitté sans une larme, sans un regret! Et, pendant que vous, pauvre petite, inquiète sur son
sort, vous n'avez pas touché depuis la veille
à votre biscuit, lui, Vert-Vert, n'a pensé qu'à
vous fuir. l'égoïste!

Le linot arrive dans une plaine immense; les
épis d'or sont couchés par terre... c'est aussi le
riche temps pour les petits oiseaux! Les mois-
sonneuses chantent dans la plaine en arran-
geant les gerbes, et les chars, traînés par de
robustes chevaux, forment un entrain joyeux,
inaccoutumé. Mais tout ce bruit effarouche le
pauvre petit, qui jette un coup d'œil d'appétit
matinal sur les blonds épis couchés à ses pieds
sans oser s'y arrêter, tant sa querelle avec les
moineaux l'a tristement impressionné

Enfin, poussé par la faim, il se pose en tremblant sur une gerbe, et la gerbe se courbe sous son mignon corsage... l'épi est mûr et plein du plus beau blé! Vert-Vert, en regardant de tous côtés, ainsi qu'un voleur de grand chemin, va se hasarder à y poser le bec; mais ce n'est, hélas! qu'en tremblant, et non plus, comme naguère, en chantant avec sécurité et sûr de n'être poursuivi par personne! Il commence instinctivement à comprendre que cette vie de maraudeur, à laquelle il s'est volontairement condamné, ne convient ni à son éducation ni même à son caractère... N'importe, il a faim... il risquera tout... Cela dit, il enfonce son bec dans l'épi... Mais, ô douleur! ce bec, accoutumé à des graines souples et délicates, aux biscuits et aux colifichets, ne peut entamer l'épi, et Vert-Vert mourra de faim s'il ne découvre quelque chose qui lui soit mieux approprié.

Le chant des moissonneurs semble redoubler sa tristesse; le temps est radieux, l'horizon splendide; mais, pour le pauvre qui meurt de faim, est-il des joies dans la nature? Il voit bien autour de lui s'agiter de petites chenilles, qui, le prenant pour un bec-fin, tremblent de frayeur à son approche. Mais il n'a pas, comme la fauvette, l'instinct de la chasse; la nature lui a refusé cette faculté... Pourtant, en regardant au loin, ses yeux affamés découvrent une touffe de millet vert ! C'est peu de chose pour un petit oiseau gâté et traité comme lui; qu'importe! il ne saurait trop payer une précieuse indépendance !

Une fois restauré, il pense à poursuivre son chemin... Mais de quel côté porter ses pas? car il voit partout, à l'entour de lui, de ces terribles petits voleurs qui l'ont si rudement tancé, et il s'attend à payer son passage, si ce n'est de sa bourse, bien plus chèrement... de la vie!

Les plaines, malgré leurs richesses, ne lui présentent que solitudes et dangers.

Un joli bois borde la plaine de ses buissons de jeunes châtaigniers, et leur vert feuillage lui promet un abri contre la chaleur du jour... Il s'élance et plane dans les airs. Bientôt le linot, perché sur une branche, se balance avec grâce, sautillant d'arbre en arbre... Que l'on est bien ici! Que la vie est douce en plein air! Il aiguise son joli bec sur l'écorce lisse d'un bouleau...

et entonne sa plus jolie chanson... Mais, ô surprise! ô terreur! un animal couvert d'une robe tachetée comme celle du tigre, à l'œil traître et fauve, aux allures hypocrites, a levé la tête au chant de Vert-Vert, et, grimpant aussitôt avec une souplesse incroyable, s'élance à la poursuite de l'oiseau; c'est un chat, que la proximité des bois a rendu presque sauvage, et qui, fort mal nourri dans sa propre maison, se donne tous les jours le plaisir et le profit de la chasse.

A la vue de son plus mortel ennemi, le pauvre Vert-Vert, fasciné par là peur, ne sent plus la puissance de ses ailes; tout son sang s'est glacé dans ses veines; il se blottit, il se cache, il fourre sa petite tête dans ses plumes, et, le cœur palpitant, il attend la mort!

Mais, en ce moment, il se fait un grand bruit au-dessous de lui; le feuillage s'agite, les branches se brisent avec fracas... Vert-Vert ouvre les yeux, il voit son ennemi roulant au pied du châtaignier.

En voulant saisir sa proie trop vite, le chat, oubliant sa prudence habituelle, a mal calculé son élan, et, malgré ses efforts pour se retenir aux branches, il a roulé jusqu'en bas.

Fort heureusement pour lui la nature lui a donné une souplesse si admirable, qu'aucun de ses membres n'a souffert de sa chute, et déjà il s'apprête à recommencer son ascension lorsque l'oiseau, qui vient de retrouver ses forces, s'élance et disparaît dans la profondeur du bois.

Pendant que le fugitif payait, par des dangers sans nombre, son ingratitude et son étourderie, la linotte, restée en cage, était parvenue à un degré d'éducation fort remarquable: elle sifflait avec goût plusieurs airs nouveaux, tels que : *J'ai du bon tabac;* elle parlait passablement, facultés exceptionnelles chez la femelle du linot, et qui se trouvent assez rarement; aussi était-elle l'objet des plus tendres soins. Marie l'aimait à l'idolâtrie, et Simon, pour la consoler de la douleur qu'elle avait gardée de la perte de son frère, inventait tous les jours, dans sa tendresse, quelques plaisirs nouveaux : friandises de toutes sortes, sucreries et bonbons, verdure fraîche et abondante. Après la rosée du matin, Marie allait suspendre la cage dans un petit bos-

quet de roses si voisin de l'habitation, qu'elle
se trouvait ainsi en pleine sécurité et à l'abri
de tous les dangers. De là la petite captive pouvait admirer toutes les beautés de la nature,
respirer le parfum des fleurs, voir la danse
joyeuse des papillons, et entendre le chant divers de mille jolis oiseaux.

Mais la linotte n'enviait plus la liberté, la
nature l'avait douée d'un grand bon sens, en
dépit de la critique qui s'attache à son espèce
(une tête de linotte!), et elle se disait souvent
que le bonheur ne consiste pas toujours dans
l'indépendance et la possibilité de suivre sa volonté; une conscience tranquille lui paraissait
la première condition indispensable, et elle
pensait que l'ingratitude de Vert-Vert devait lui
causer bien des remords.

Un jour d'automne que le froid commençait
à se faire sentir, que le ciel assombri roulait de
gros nuages, la Linotte avait été suspendue dans
l'intérieur de l'appartement, tout près d'une
large fenêtre restée entr'ouverte. Bientôt le
nuage éclate, des grêlons gros comme des pois
tombent par milliers... La captive regardait

tristement au dehors... Peut-être pensait-elle à
Vert-Vert... Peut-être était-elle, ce jour-là, dans
un de ces moments de poésie mélancolique dont
les têtes de linottes ne sont pas exemptes, lorsqu'elle vit tout à coup s'abattre sur la croisée un
malheureux oiseau dont le plumage tout trempé
ruisselait de pluie et de grêle. Son corps meurtri
et frissonnant était presque dépouillé de plumes,
et son œil inquiet et hagard avait quelque chose
de farouche.

Linotte eut si grand'peur, qu'elle courut se
réfugier dans le coin le plus obscur de sa confortable maison. Mais une voix, que la misère
et le jeûne avaient rendue rauque et sauvage,
s'écria tristement :

— Quoi! ma sœur, est-ce bien vous qui re-
fusez de me reconnaître, ou le malheur m'a-t-il
donc changé à ce point? Avez-vous donc tout à
fait oublié votre frère d'enfance, votre ami?...

La fidèle linotte poussa un cri :

— Vert-Vert! s'écria-t-elle.

Et, s'élançant auprès des barreaux de sa demeure :

— Quoi! c'est toi, pauvre frère! oh! combien

je t'ai pleuré!... Mais dans quel état je te re-
vois! qui pourrait reconnaître en toi l'heureux
compagnon de mes jeux?

— Ne m'accablez pas, Linotte, dit-il d'une
voix faible; voyez mon habit déchiré, mes membres ensanglantés. J'ai enduré le froid, la faim,
la soif, la fatigue; j'ai été poursuivi, traqué
comme un oiseau de proie! Oh! le ciel m'a bien
puni! Loin de savoir gré à mon protecteur de
sa bonté et de ses soins, je n'ai rêvé que liberté
et indépendance; et, loin de payer de mes chants
et de mes caresses la main qui me nourrissait,
loin de vouloir partager avec vous les douceurs
de la famille, je me suis enfui seul, comme un
égoïste, et le ciel m'a abandonné! Maintenant
que je vous ai retrouvée, la mort me sera plus
douce, et je l'accepte comme la juste punition
de mes fautes.

— Non, tu ne mourras pas, dit Linotte en
fondant en larmes; je solliciterai, j'obtiendrai
ton pardon... et je saurai bien...

Cela dit, la bonne sœur courut aux barreaux
de la cage... Aidée par Vert-Vert, elle fit tant et
si bien, qu'enfin la porte céda, et voilà l'enfant

prodigue installé dans ce palais dont il n'eût jamais dû sortir! Dieu sait la fête qu'il fit aux macarons, aux massepains, etc. : le petit affamé faillit en mourir!

Qui pourrait exprimer la surprise de Marie lorsqu'en entrant dans l'appartement où était suspendue la cage elle aperçut deux oiseaux au lieu d'un? Elle pensa d'abord qu'un étranger était venu s'y glisser par surprise, et elle se préparait à l'en chasser lorsque la linotte se mit à prononcer distinctement le nom de Vert-Vert.

— Vert-Vert! s'écria Marie.

En examinant avec plus d'attention le nouveau venu, elle aperçut quelques traces de ces jolies couleurs qui le distinguaient autrefois.

— C'est lui! c'est bien lui! s'écria-t-elle toute joyeuse et courant chercher son père pour lui montrer l'enfant prodigue.

— Il faut pardonner, mon enfant, dit M. Villiers; si le ciel se charge souvent de punir les ingrats, il ouvre toujours la porte au repentir, et l'indulgence est la plus belle des vertus.

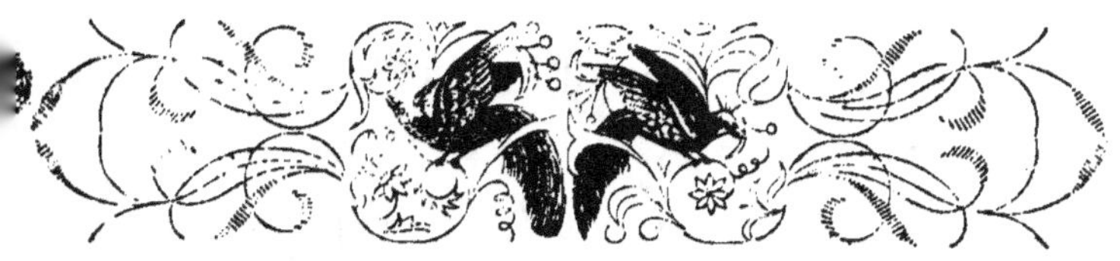

CHAPITRE VI

LE SERIN ARTISTE DRAMATIQUE
SON ARRIVÉE EN FRANCE. — LE JASEUR DE BOHÉME

ependant, depuis le retour du linot, on avait en vain pris les soins les plus assidus de ses blessures : on n'était pas venu à bout de les cicatriser ; au contraire, elles paraissaient s'envenimer de plus en plus.

— Allons consulter Guillaume, dit un matin M. Villiers, dont la bonté paternelle s'affligeait du chagrin que la mauvaise santé de Vert-Vert causait à ses enfants.

Marie et Simon ne se le firent pas répéter deux fois. On enferma soigneusement le petit malade, bien couvert et caché dans de la mousse, et l'on se disposa à le conduire au garde avec toutes les précautions nécessaires à son état maladif.

— Quelle bonne surprise vous me faites! dit Guillaume en voyant arriver la petite famille, et sans paraître cette fois embarrassé le moins du monde; entrez, monsieur Villiers, entrez, mademoiselle Marie, et vous aussi, monsieur Simon.

Lorsque la famille pénétra dans le logement du garde, les oiseaux étaient hors de leur cage, c'était l'heure de la récréation; car le bonhomme les regardait tous comme ses élèves, et, en instituteur sensé, il jugeait que quelques heures de liberté étaient aussi nécessaires à leur santé qu'à la beauté de leur plumage.

Quelques-uns vinrent se percher sur la tête de Marie; mais Simon, loin d'exciter leur sympathie, provoquait de leur part des cris, des sifflements, et le sansonnet répétait à assourdir tout le monde : « A la porte, les gamins! »

Guillaume donna un petit coup de sifflet, et tout rentra dans l'ordre; chacun reconnut son coin, sa cage, tout cela très-vite, sans erreur, sans confusion ; c'était quelque chose de curieux à voir que cette soumission et cette intelligence chez de petits êtres que l'on pourrait croire incapables d'obéissance.

Et comme M. Villiers en témoignait son étonnement :

— Vous n'avez donc pas vu à Paris, dit le garde, il y a de cela plusieurs années, un genre de spectacle fort intéressant, et dont quelques petits oiseaux faisaient tous les frais? Chaque jour on y représentait un drame; il s'agissait d'un soldat déserteur : le petit serin chargé du rôle principal s'en acquittait avec un courage remarquable. Jugé, condamné à mort, il était conduit par ses compagnons au lieu du supplice; là, quatre gendarmes lui tiraient presque à bout portant chacun leur coup de pistolet; l'oiseau tombait roide mort, avec un art inimitable; après quoi on le mettait sur une civière,

et quatre autres serins le traînaient jusqu'au cimetière. Là se terminait le spectacle. Rentré
dans la coulisse, chacun des acteurs reprenait
joyeusement sa cage sans plus penser à son rôle,
jusqu'à ce que le tambour du directeur les rap-
pelât sur la scène.

— Oh ! que de patience il a fallu pour dresser
ainsi ces petits êtres si délicats !

— Moins que vous ne le pensez, monsieur
Simon, et je vous assure qu'ils ont plus de facilité qu'on ne le croit généralement. Une mince
récompense, un petit morceau de sucre ou de
friandise, leur donne de la soumission et de la
bonne volonté. Au surplus, le Serin est un des
plus faciles à dresser et à apprivoiser; il n'y a pas
encore très-longtemps que cette espèce est commune en France : elle est originaire de l'Inde.
En 1749, un vaisseau, faisant voile vers la France,
était porteur de quelques-uns de ces charmants
oiseaux, lorsqu'une tempête s'étant élevée le bâtiment fit naufrage tout près des îles Canaries.

Sans doute quelques-uns d'entre eux eurent
le bonheur d'échapper à la mort, et purent, à
tire-d'aile, parvenir dans ces délicieuses con-

On le mettait sur une civière et quatre autre serins le trainaient jusqu'au cimetière.

trées plantées d'orangers, de myrtes et d'oliviers;
car bientôt après on en remarqua dans l'île de
Gomère, et, plus tard, ils se multiplièrent avec
tant de rapidité dans toutes les Canaries, qu'il
devint impossible de les détruire, et que l'on eut
à déplorer la perte d'une grande partie des ré-
coltes : les millets, les raisins de Madère surtout,
si recherchés pour leurs qualités précieuses, en
souffrirent le plus.

Aujourd'hui l'on cite encore comme un évé-
nement désastreux l'histoire de ce naufrage, qui
amena dans ces contrées un fléau dont les habitants cherchent en vain, depuis cette époque, à
se débarrasser. Leur multiplicité, dans ces îles,
fit longtemps croire qu'ils en étaient originaires,
ce qui fit ajouter au nom de leur espèce celui de
canari.

Les premiers serins arrivés alors en France
s'y vendirent au prix de mille francs!

— Mille francs! reprit Simon avec surprise;
mais qu'ont-ils donc de si remarquable?

—J'aime bien mieux ma linotte, ajouta Marie;
je trouve la couleur du serin pâle et monotone.

— Il ne faut pas juger ces oiseaux d'après les

échantillons que nous avons ici, et dont la couleur a fini par pâlir et dégénérer ; les serins des
îles sont jaunes comme de l'or, leur plumage est
brillant, et, de plus, ils sont très-bien faits, élan-
cés et pleins de grâce ; ensuite ils avaient le
mérite de la nouveauté, ce qui n'est pas, pour
le peuple parisien, la moindre des qualités !

— Oh ! quel est donc celui-ci ? dit Marie en
apercevant un oiseau un peu plus gros qu'une
alouette, d'un gris rougeâtre assez vif, et qui
portait sur la tête une jolie huppe se baissant et
se relevant à volonté ; mon Dieu, qu'il est joli !

— Ce qu'il a surtout de singulier, ajouta Simon, ce sont ces petites grosseurs, ressemblant,
par leur couleur rouge, à de la cire à cacheter,
et qui se trouvent près de ses ailes.

— C'est le jaseur de Bohême, ajouta le garde ;
ces petites grosseurs sont des tubercules. Cet
oiseau n'arrive guère de l'Allemagne dans nos
pays que vers l'automne, au moment où les petits
fruits de l'églantier commencent à mûrir ; il est
tellement confiant et si gourmand de cette sorte
de nourriture, que, lorsqu'on l'a pris au trébu-
chet, on peut le remettre en liberté sur une de ces

mêmes branches : tant qu'il restera un fruit, il n'en partira pas.

Mais, tenez, monsieur Simon, poursuivit le garde, regardez celui-ci, gros comme un merle, avec son plumage moitié noir et moitié jaune : c'est le loriot; il chante admirablement et nous vient des montagnes au printemps pour faire ici son nid; c'est un véritable artiste en ce genre. Ce nid ressemble à un hamac; il est construit, à l'extérieur, avec de jeunes écorces flexibles et enlacées, et l'intérieur est garni d'herbes sèches très-douces. Le loriot le suspend à l'enfourchure d'une branche, au moyen d'une lanière d'écorce bien attachée, et ses enfants ainsi suspendus se trouvent doucement balancés et bercés par le vent.

C'est ordinairement sur le chêne que ce joli oiseau fait son nid, ce bel arbre de France dont les traditions remontent à plusieurs générations d'hommes, et qui vit des siècles entiers !

Si les petits oiseaux des pays méridionaux ont pour abri les palmiers au port majestueux, l'acajou au bois coloré, ceux de notre Europe possèdent le pin à la forme élancée, qui produit la résine et le goudron ; le noyer, avec les fruits duquel on fait de l'huile, et dont le bois veiné sert à confectionner des meubles ; et le chêne, une des plus belles productions de l'Europe ! Il vient très-lentement, et c'est à peine si, au bout de cent ans, il a acquis le quart de sa grosseur. Ce bel arbre est non-seulement le plus luxueux ornement de nos forêts, mais ses fruits sont encore très-utiles. Les uns portent des fruits doux, bons à manger ; d'autres, c'est le plus grand nombre, sont âpres, mais ils peuvent être donnés aux bestiaux et sont pour eux d'une grande ressource, après avoir été préparés par la cuisson. L'écorce du chêne sert à tanner les cuirs ; on emploie son bois pour la construction des navires, on en fait des poutres d'une longueur et d'une grosseur extraordinaires, et qui résistent aux siècles.

Parmi les diverses espèces de chênes, il en est une que vous ne connaissez pas, monsieur Simon ; car elle ne se voit pas ici, quoiqu'elle se trouve dans notre pays : c'est celle dont l'écorce épaisse, crevassée et spongieuse, est connue sous le nom de liége. Cet arbre croît spontanément dans

les parties méridionales de l'Europe, et l'on en
voit une grande quantité dans le midi de la
France.

On détache cette écorce, connue sous le nom
de liége, tous les huit, dix ou douze ans, selon
la nature du sol. Au bout d'un certain nombre
d'années, si on ne prend pas soin de l'enlever,
elle se fend, se détache d'elle-même, et se
trouve bientôt remplacée par une nouvelle
écorce qui se forme en dessous.

L'utilité du liége est assez connue pour que
je ne vous énumère pas tous les usages auxquels
on l'emploie.

— On en fait des bouchons, n'est-il pas vrai,
père? dit Marie.

— Oui, ma chère enfant, reprit M. Villiers;
on en fait encore des bouées pour les vaisseaux,
des appareils pour soutenir les filets des pêcheurs
au-dessus de l'eau, etc., etc. Mais, voyez-vous,
mes enfants, ce que c'est que de causer avec un
homme instruit; la conversation s'enchaîne d'un
sujet à un autre, toujours amusante, toujours
pleine d'intérêt. Guillaume n'est pas un savant;
mais son séjour dans les bois, où son goût pour

les oiseaux l'a souvent entraîné, lui a donné des connaissances générales...

— Vous me flattez trop, monsieur Villiers, dit Guillaume en ôtant respectueusement sa casquette, et, si j'ai pris la liberté de causer si longtemps, c'est que je voyais monsieur Simon et mademoiselle Marie me prêter une grande attention... Alors j'ai pensé que cela ne vous déplaisait pas.

— Oh! le vilain sansonnet! s'écria tout à coup Marie en bouchant ses oreilles et chassant avec le coin de son mouchoir l'oiseau babillard; en vérité, je ne sais comment vous pouvez vous arranger de ses cris; c'est à rompre la tête!

— Quand vous connaîtrez l'histoire du pauvre sansonnet, mademoiselle, je suis bien sûr que vous serez la première à m'engager à le garder. J'avoue qu'il est bien désagréable, et sans...

—Oh! monsieur Guillaume, dit Simon vivement, seriez-vous assez complaisant pour nous dire comment ce sansonnet peut avoir pour vous un intérêt si vif? Vous savez combien nous aimons à vous entendre conter!

— Je le veux bien, monsieur Simon ; c'est une simple et courte histoire. Mais, pour éviter le bruit que fait cet oiseau bavard, nous allons le mettre dehors.

En disant cela, le garde ouvrit la cage d'osier dans laquelle le sansonnet était renfermé ; puis, ouvrant la porte qui donnait sur le bois, il le lança dehors, malgré lui. Mais le malicieux sansonnet, loin de s'éloigner au plus vite, frappait avec colère contre les volets en criant à tue-tête son refrain de vengeance : « A la porte, les gamins ! »

CHAPITRE VII

L'ETOURNEAU OU SANSONNET. — OISEAUX TAILLEURS
LE PETIT PIERRE

uillaume poursuivit :

— Ainsi que j'avais l'honneur de vous le dire à l'instant, je dois la possession de cet oiseau à une circonstance toute particulière.

Quelques affaires m'avaient conduit à Paris, où j'arrivai à la tombée du jour. Je descendais le faubourg Saint-Jacques, lorsque mon oreille

fut frappée tout à coup par ces mots prononcés d'une voix forte et sonore : Pierre ! Pierre ! Il faut vous dire, ma belle demoiselle, et vous aussi, monsieur Simon, que Guillaume est mon nom de famille, et que dans mon pays je n'étais connu que sous celui de Pierre, nom que mon respectable parrain m'a donné au baptême.

Or, en m'entendant ainsi appeler cavalièrement dans ce Paris où je ne connais personne, je me retournai sur-le-champ... Je fus fort surpris de ne voir absolument rien qui pût fixer mes incertitudes.

J'allais poursuivre mon chemin, lorsque ce nom qui m'avait frappé fut encore répété deux fois avec la même force et la même netteté de prononciation. .

Oh ! pour cette fois, je fis quelques pas en avant et en arrière, cherchant de tous côtés. La nuit commençait à s'épaissir, et, en regardant bien attentivement, il me sembla voir une ombre accroupie sur la dalle humide d'une allée noire... J'approchai : c'était un jeune enfant d'une douzaine d'années ; il pleurait, le pauvre petit, grelottant de fièvre et de froid.

— Est-ce toi, lui dis-je en m'approchant, qui as appelé Pierre ?

— Non, monsieur, me dit l'enfant ; mais Pierre est mon nom, et ce sansonnet, que j'ai élevé, le prononce à chaque instant. Pardon, monsieur, pardon !

En disant cela, l'enfant tira de sa petite veste un beau sansonnet noir, tacheté de blanc comme une pie, et de la grosseur d'un merle.

— Mais que fais-tu donc là, dis-je à l'enfant, et que veux-tu faire de cet oiseau ?

— Je voudrais le vendre, monsieur, car je ne peux plus le garder ni le nourrir.

— Et combien veux-tu de ce sansonnet ? lui dis-je en l'examinant.

— J'en voudrais trois francs, dit le petit garçon en pleurant de plus en plus.

— Mais c'est beaucoup trop cher, mon petit ami ; c'est le prix du plus beau serin !

— Vous ne connaissez pas tous ses talents : il chante à ravir, il siffle plusieurs airs et parle si distinctement, que, vous le voyez, vous y avez été trompé vous-même !... Hélas ! je vois bien que je ne pourrai le vendre... Alors j'aimerais

mieux vous le donner, monsieur, que de le céder
à vil prix!... Vous, au moins, vous en auriez
bien soin.

— J'aime beaucoup les oiseaux. Mais qui peut
te forcer à te débarrasser de ce sansonnet, puisque tu parais y être attaché à ce point?

— C'est que... c'est que je n'ai plus de
mère! — Et l'enfant se mit alors à sangloter.—
La voisine Catherine m'a pris chez elle; mais
elle a déjà quatre autres petits enfants, et elle
m'a dit qu'elle me conduirait demain à l'hospice des Enfants-Trouvés, parce qu'elle n'avait
pas de pain pour tous. Alors elle a pris mon
sansonnet : « Je ne veux plus voir ce vilain
oiseau, a-t-elle dit, il fait peur à tous mes enfants! Emporte-le, vends-le, l'argent que tu en
tireras sera pour payer les trois francs que
me devait ta pauvre mère!... Mon Dieu, si j'é-
tais plus à l'aise, disait-elle encore, et si la
portion de pain que je te donne ne diminuait pas
celle déjà si petite de mes enfants, je te gar-
derais, moi! »

Je sanglotais. « Ne pleure pas, m'a-t-elle dit;
à l'hospice tu seras mieux nourri, mieux chauffé,

mieux habillé qu'ici... ainsi ne pleure pas... tu me fais de la peine...» Et je pleurais toujours...

Ce soir, j'ai pris mon sansonnet; j'aurais tant voulu payer la dette de ma mère! Car, lorsqu'elle était bien malade, elle m'a fait avancer tout près de son lit, elle m'a dit : « Quand tu seras grand, mon petit Pierre, et que tu pourras gagner ta vie, souviens-toi que je dois trois francs à la mère Catherine, et qu'elle m'a rendu bien des services... »

Le petit garçon pleurait toujours, poursuivit Guillaume, et moi qui n'ai pas un mauvais cœur, je me sentais tout triste.

— Écoute, mon enfant, lui dis-je au bout d'un instant, aimerais-tu la campagne?

— Oh! monsieur, j'aimerai tous les endroits où je pourrai être occupé et où je ne serai à charge à personne.

— Veux-tu venir avec moi? lui dis-je.

— Oui, monsieur, pourvu que vous veniez le dire à la mère Catherine.

— Demeure-t-elle loin d'ici?

— Tout à côté, monsieur.

— Alors conduis-moi.

Et l'enfant marcha devant.

Je n'ai pas l'air d'un monsieur, comme vous voyez, et, quoique ce jour-là je fusse un peu *endimanché*, la mère Catherine vit bien tout de suite que je n'étais qu'un paysan, et que je ne pouvais pas être le protecteur du petit Pierre : aussi refusa-t-elle de le laisser venir avec moi.

Le curé de Valvins avait besoin d'un enfant de chœur pour chanter et servir la messe, et l'enfant, en causant, m'avait fait connaître qu'il avait de la voix : la pensée m'était venue à l'instant de le présenter au curé et de lui fournir ainsi l'occasion de faire une bonne œuvre.

En attendant, je laissai mon adresse, en obtenant de la mère Catherine qu'elle gardât l'enfant jusqu'au samedi suivant. Je laissai cinq francs : c'était tout ce que la modestie de ma bourse me permettait d'offrir, et j'emportai le sansonnet en promettant à Pierre de le placer avant peu, et de garder le sansonnet jusqu'à ce qu'il pût le reprendre lui-même.

Vous connaissez certainement le petit Pierre, ajouta Guillaume ; depuis un an bientôt il dessert la messe du curé, qui l'a accueilli avec une bonté paternelle. J'ai promis au pauvre enfant de soigner et de garder son sansonnet jusqu'à ce qu'il soit en état de gagner de l'argent; car l'excellent pasteur ne se contente pas de lui apprendre à écrire et à calculer, il paye encore pour lui faire apprendre un état.

Petit-Pierre vient ici tous les jeudis, et la reconnaissance qu'il me témoigne pour les soins que je prends du pauvre oiseau me paye mille fois de l'ennui qu'il me cause quelquefois par son bavardage. Il est, du reste, d'une intelligence rare, et très-attaché à Petit-Pierre et à moi.

En liberté, les sansonnets, que l'on nomme aussi étourneaux, font leurs nids dans des creux d'arbres ou dans de vieilles ruines. En automne, ils se réunissent quelquefois au nombre de deux à trois mille, et se jettent dans les vignes, où ils font de grands dégâts. Ils passent la nuit dans les roseaux des marais, et, lorsque les vendanges sont faites, ils reviennent dans nos prairies, au milieu des troupeaux, pour y vivre des insectes, mouches, petits vers, attirés par le bétail. Le sansonnet des vergers, qui fait son nid sur un pommier et le suspend à l'extrémité d'une branche, le construit avec un art et une adresse incroyables. Le nid est formé en dehors d'une espèce particulière d'herbes longues, flexibles, attachées ou cousues dans toutes les directions, absolument comme s'il était le résultat d'un fin travail à l'aiguille. Une vieille dame de ce pays, ajouta en riant le père Guillaume, à laquelle je montrais un jour un de ces nids, me dit d'un ton sérieux : « Vous, monsieur le garde, qui savez si bien dresser les oiseaux, je suis sûr qu'avec de la patience vous parviendriez à faire faire de la broderie à celui-ci. »

Une autre espèce, le sansonnet banana, qui habite la Martinique, la Jamaïque et d'autres îles des Indes occidentales, est plus admirable encore, car il sait joindre l'art du tailleur à celui d'une couture très-perfectionnée : les matériaux qu'il emploie sont des feuilles qu'il sait tailler par quartiers pour leur donner une forme, et qu'il coud ensemble très-artistement au-dessous d'une feuille de banana, de manière que cette feuille puisse former un des côtés du nid.

— Vous voyez, mes chers enfants, dit à son

tour M. Villiers, que, s'il est parmi les oiseaux des tresseurs de corbeilles, des architectes, des maçons, des charpentiers, il est aussi des tailleurs! Dans l'Inde, il existe un délicieux petit oiseau que l'on nomme l'oiseau tailleur par excellence. Il ne confie pas son nid à l'extrémité d'une branche délicate, mais il le met en sûreté en l'attachant à la feuille même. Pour coudre ensemble les feuilles fraîches et sèches qui composent ce petit nid, il se sert de son bec comme d'une aiguille, faisant passer et repasser une tige fine et flexible comme du fil. La doublure consiste en fin duvet de plantes et de coton. Ce petit oiseau est d'un jaune clair; ses œufs sont blancs; il a trois pouces de long et pèse au plus quatre à cinq grammes, de sorte que les matériaux du nid et le poids de l'oiseau ensemble ne sont pas assez lourds pour risquer de détacher la feuille sur laquelle il est fixé. Trois de ces nids curieux sont conservés au musée d'histoire naturelle, à Paris.

— Allons, mes enfants, allons, il faut partir! dit M. Villiers en tirant sa montre; l'heure de la récréation est écoulée, il faut reprendre le chemin du bois. Remerciez Guillaume, dont la conversation intéressante nous fait à tous oublier l'heure.

Marie reprit avec précaution le pauvre linot blessé pour le rapporter à la maison. Cette fois elle était parfaitement rassurée sur son compte. Le garde, après l'avoir bien examiné et après avoir donné une simple prescription pour sa nourriture, avait affirmé qu'avant huit jours il aurait repris sa gaieté et une parfaite santé. Une abondance trop grande après son jeûne et sa misère avait contribué à augmenter des blessures qui par elles-mêmes n'avaient rien de sérieux ni de grave.

CHAPITRE VIII

LE PIC-VERT CHARPENTIER. — LE PETIT ROITELET
LE MARTIN-PÊCHEUR. — L'ALCYON

ais-tu, père, que les oiseaux sont les plus heureux des animaux? dit un jour Marie à M. Villiers.

— Quoi! mon enfant, tu as déjà oublié tous les dangers que ces petits êtres ont à braver, chacun dans leur espèce! En vain la nature, pour les soustraire à la main des hommes, leur a-t-elle

donné des ailes : nos fusils et nos piéges dé-
jouent souvent leur finesse et leur intelligence.

— Oui, reprit alors Simon, mais ils passent
leur vie dans les airs à chanter joyeusement sur
les fleurs et les arbres.

— Vous croyez cela, mes enfants, parce que
vous n'avez encore arrêté vos yeux que sur des
oiseaux dont le vol est facile et le gosier musicien ; mais il en est beaucoup dont les facultés
sont moins gracieuses : les pics, par exemple,
de toutes les espèces, car il y en a plusieurs,
sont doués d'organes merveilleusement appro-
priés à leur subsistance, mais ils sont condam-
nés par cela même à un dur travail. Cet oiseau,
assujetti à une tâche pénible, ne peut trouver
sa nourriture qu'en perçant les écorces et la
fibre la plus dure des arbres. Occupé sans re-
lâche, il ne connaît ni délassement ni repos ;
souvent même il s'endort, et passe la nuit dans
l'attitude contrainte de son travail du jour ; il
ne partage pas les doux ébats des autres habitants de l'air, il n'entre pas dans leurs concerts
et n'a que des cris sauvages dont l'accent plain-
tif, en troublant le silence des bois, semble ex-

primer ses efforts et sa peine. Tous les mouvements du petit charpentier sont brusques ; il a
l'air inquiet, les traits et la physionomie rudes,
le naturel sauvage et farouche ; . non-seulement
il fuit la société des autres oiseaux, mais encore
celle de son semblable.

Quatre doigts épais, nerveux, armés de gros
ongles arqués, implantés sur un pied très-court
et puissamment musclé, lui servent à s'attacher
fortement et à grimper en tout sens autour du
tronc des arbres. Son bec tranchant, aplati, et
taillé à sa pointe comme un ciseau, est l'instrument avec lequel il perce les arbres où les insectes ont déposé les œufs ou vers dont il se
nourrit. Le pic, vulgairement nommé pivert,
frappe incessamment pour percer le bois et pour
s'ouvrir un accès au cœur des arbres ; puis il
fait vivement le tour pour voir s'il a réussi à faire
sortir quelques vers.

Sa queue, composée de dix pennes roides,
garnies de soies rudes, lui sert de point d'appui
dans l'attitude renversée qu'il est souvent forcé
de prendre pour grimper et frapper avec avantage.

Cependant le Pivert est un de nos plus beaux oiseaux d'Europe. Sa taille est à peu près celle d'une Tourterelle ; son plumage est d'un vert jaunâtre en dessus, vert olive en dessous ; le dessus de sa tête est rouge, les joues sont noires. On connaît un grand nombre de pics : le pic aux ailes d'or, le pic cendré, le pic à dos blanc, etc., etc., et tous se nourrissent presque exclusivement d'insectes nuisibles et en débarrassent ainsi la terre. Mais, en creusant sans cesse les arbres pour les découvrir, ils y font parfois de grands dégâts.

Le pic-vert, ou pivert, fait son nid dans le tronc d'un arbre, en le creusant avec son bec, et « c'est du sein même des arbres, dit Buffon, que sort cette progéniture qui, quoique ailée, est néanmoins destinée à camper alentour, à y rentrer de nouveau pour se reproduire et ne s'en séparer jamais. »

— Père, dit Marie en interrompant tout à coup M. Villiers, j'ai vu souvent dans le bois de hêtres qui se trouve au bout du jardin un très-petit oiseau tout brun, comme un moineau franc, qui grimpait après les arbres en faisant, comme le pivert, la chasse aux insectes ; il ne paraissait pas farouche, et, quoique je fusse très-près de lui, il ne s'éloignait pas et poursuivait sa chasse sur le tronc de l'arbre.

— C'était le troglodyte d'Europe, vulgairement appelé roitelet. Ce petit oiseau se plaît autour des habitations. Il est sans cesse en mouvement pour chercher des insectes dans les branchages ; il va, vient, ainsi que tu l'as très-bien remarqué, sans craindre l'homme ; le mâle a un ramage très-agréable. Il établit son nid près de terre ou sous les toits des chaumières.

Le troglodyte, dont le nom signifie *qui pénètre dans les trous*, est une espèce bien voisine du véritable roitelet, dont les naturalistes comptent encore un grand nombre de variétés. Le roitelet huppé est le plus joli du genre ; c'est le plus petit oiseau d'Europe. Sa longueur totale est de trois pouces trois lignes. Sa tête est ornée d'une petite couronne aurore, bordée de noir de chaque côté, et dont les plumes peuvent se relever en huppe : de là son nom de *roitelet*. Comme son cousin, le troglodyte, il se tient dans les épais taillis. Sans cesse en mouvement, il visite les gerçures d'écorce, fouille sous les feuilles mortes, se cramponnant aux branches en faisant entendre un petit cri, *zi zi zi zi*, qui décèle sa présence. Il est si peu méfiant qu'il se laisse approcher de très-près, et, le soir, il est même facile de le prendre avec la main. Son nid, construit avec art, est suspendu à la naissance de deux branches de hêtre ou de sapin ; sa forme est celle d'une boule, et l'ouverture est dirigée. de côté ; l'extérieur est tissu de mousse et de toiles d'araignée, et l'intérieur est mollement tapissé de duvet. Les petits œufs que l'on y rencontre sont d'un blanc pur et ordinairement au nombre de sept à onze.

— Oh! le délicieux petit oiseau! s'écria Marie, et qu'un de ces nids serait agréable à posséder!

— Et comment nourrirais-tu les petits? dit Simon à sa sœur d'un air satisfait de son observation et qui ne manquait pas de suffisance. Iras-tu à la chasse aux mouches et aux araignées?

— Je n'y avais pas songé, reprit la pauvre Marie un peu désappointée.

— On peut jusqu'à un certain point remplacer cette nourriture, pour quelques oiseaux
un peu plus robustes, par une pâtée faite avec
du cœur de veau ou de mouton haché. Mais le
roitelet est si délicat, et le mouvement lui est
si nécessaire, que je doute qu'il puisse vivre
longtemps en cage.

— Ne m'as-tu pas dit, père, que l'on trouve
des oiseaux qui vivent de coquillages et de pêche? ajouta Simon.

— Sans doute, mon ami, le martin-pêcheur en
est un des plus connus parmi les oiseaux d'Europe; c'est aussi un des plus remarquables pour
la beauté de son plumage. Figure-toi un oiseau
de la grosseur d'un moineau, dont le dos, la
croupe et les parties supérieures de la queue
sont d'un bleu d'azur éclatant, avec des mou-
chetures de même couleur sur la tête. Les autres parties supérieures du corps sont d'un vert
changeant. Entre le bec et l'œil et sur les joues
est une bande rousse; sur la gorge et sur les
côtés du cou, une bande d'un blanc roux. Une
riche couleur de feu ardent couvre la poitrine,
le ventre et les plumes inférieures de la queue.

Ce bel oiseau d'Europe peut rivaliser pour l'éclat du plumage avec les plus beaux oiseaux des pays chauds.

Ses mœurs ne sont pas aussi douces que paraîtrait le faire croire son riche vêtement. Le martin-pêcheur ou alcyon de France est sauvage; il fuit le monde, pour lequel sa beauté semblerait l'avoir fait naître; il est défiant, triste; il vit solitaire presque toute l'année; il suit d'un vol rapide le contour des ruisseaux en rasant la surface de l'eau, puis il se pose en embuscade sur une pierre ou une branche sèche qui s'avance au-dessus du courant. C'est de là qu'il guette sa proie avec patience et se précipite avec une adresse surprenante sur le poisson ou les insectes aquatiques dont il se nourrit; après avoir plongé un instant, il sort de l'eau tenant dans son bec long et droit le poisson, qu'il va ensuite battre sur une pierre pour l'assommer avant de l'avaler. On en connaît une magnifique espèce répandue dans l'Amérique septentrionale, que l'on désigne sous le nom d'alcyon, nom célèbre dans l'antiquité, et qui a été chanté par tous les poëtes et les au-

Il se précipite avec une adresse surprenante sur le poisson, ou les insectes aquatiques dont il se nourrit.

teurs anciens. Aristote en a fait la description avec un grand soin. Ces oiseaux ne paraissent qu'au milieu de l'hiver et au milieu de l'été. Aux autres époques, s'ils viennent voltiger autour des vaisseaux, ils se sauvent aussitôt et disparaissent ; ils pondent et couvent dans les plus longs jours de l'année, et le temps de leur couvée s'appelle jours des alcyons. « Tout l'Océan se calme, laisse tomber ses vagues, n'a ni vents ni pluies tant que l'alcyon fait son nid, » dit un des auteurs anciens. Ces nids sont admirablement construits et ressemblent parfaitement à une balle ronde ; l'ouverture en est trèsétroite, il est impossible de la percer avec une arme tranchante, seulement on peut la briser par un choc violent comme on ferait de l'écume de mer desséchée ; mais lors même que le nid est ouvert, on ne saurait dire positivement avec quelle matière il a été composé. On pense que ce sont des arêtes de poisson, car, ainsi que le martin-pêcheur d'Europe, l'alcyon se livre à la pêche. Il se plaît au bord des ruisseaux et des eaux tombantes, perché sur quelque branche inclinée vers la cataracte écumeuse. Son œil perçant plonge et suit le poisson qui va lui servir de proie. Sa voix, assez semblable à la voix monotone d'une sentinelle de nuit, est dure, soudaine; mais elle est adoucie par le bruit des cascades au milieu desquelles vit cet oiseau. Quelquefois il plane longtemps comme suspendu au-dessus de l'eau par la puissance de ses ailes, ainsi que l'épervier prêt à fondre sur sa proie. Les écluses de moulin sont très-fréquentées par ce pêcheur aux ailes brillantes, et son cri ou sifflement est aussi connu du meunier que le bruit de son claquet.

Non-seulement il est un oiseau bleu que l'on nomme le martin-pêcheur, mais un autre de la même famille porte le nom de martin-chasseur. Celui-ci est originaire des régions chaudes de l'Asie; il vit d'insectes qu'il chasse fort adroitement. Mais, malgré la beauté de son plumage, il est loin de jouir de la célébrité des pêcheurs alcyons.

— Avez-vous quelquefois, mes enfants, continua M. Villiers, remarqué un petit oiseau gris cendré avec la tête noire et le ventre blanc se promener au bord des eaux, souvent deux à deux, ou s'appelant et se réclamant sans cesse par un petit cri, *bist-bist, bist-bist?*

— Oh! père, moi j'en ai vu quelquefois, et le petit jardinier m'a dit que c'étaient des bergeronnettes ou des lavandières.

— Il avait raison; car ces deux oiseaux ne peuvent se distinguer que par une légère différence scientifique, dont nous ne pouvons, nous qui ne sommes pas initiés aux mystères de la science, nous apercevoir. Rien de plus léger, de plus gracieux que ce charmant oiseau. Sa longue queue, qu'il abaisse et relève quand il est posé, lui a fait donner le nom de *hoche-queue;* mais, en le voyant fréquenter le bord des rivières, courir rapidement sur la grève et imiter avec sa queue le va-et-vient continuel du battoir des blanchisseuses, autour desquelles il semble aimer à se promener, on lui a donné le nom de *lavandière.*

Son petit nid est composé de mousse, de crin et d'herbes sèches. Le mâle a autant de tendresse pour ses enfants que la femelle.

Ces petits oiseaux ne sont nullement farouches, et le bruit du battoir ou celui de l'enclume semblent également leur plaire. On raconte qu'une de ces intrépides lavandières avait choisi pour faire son nid un atelier de chaudronnerie. Elle l'avait construit à un pied au plus de distance d'une roue qui tournait bruyamment ; elle y pondit, elle y couva, et ses quatre petits arrivèrent au monde sans paraître souffrir de l'infernal tapage qui se faisait auprès d'eux.

La familière petite mère se laissait approcher, elle et ses jeunes enfants, par toutes les personnes de la maison ; mais elle s'enfuyait à l'approche des étrangers.

Cependant la bergeronnette et la lavandière, quelque peu sauvages qu'elles soient, ne sauraient vivre sans la liberté ; une fois emprisonnées, ces filles de l'air et des champs ne tardent pas à périr, malgré tous les soins dont on les entoure.

La bergeronnette du printemps est d'un cendré bleuâtre sur le dessus du corps et d'un vert-olive mélangé. Au printemps, ces oiseaux se tiennent en petites troupes dans les terres labourées et les terrains élevés ; mais, dans l'été, ils recherchent les prairies humides et suivent les troupeaux pour se nourrir des insectes qu'ils attirent. C'est à cette habitude qu'ils doivent le nom de bergeronnettes.

— Que c'est contrariant de ne pouvoir apprivoiser tous les oiseaux, assez pour les faire vivre en domesticité! dit Simon. Depuis que nous avons une volière à notre disposition, j'aimerais tant à y réunir toutes les espèces d'Europe!

— Les garçons ne sont jamais contents, reprit Marie. Ne possédons-nous pas déjà une grande partie de ceux qui veulent bien se prêter aux soins de l'homme? Pourquoi donc désirer sans cesse?...

— Comme te voilà raisonnable aujourd'hui! ajouta M. Villiers en riant. Mais je t'en félicite, ma chère Marie; car maintenant que tous deux, mes enfants, vous voulez pousser un peu plus avant l'étude et l'histoire des oiseaux en général, je vous en ferai voir de bien plus curieux encore, que leurs mœurs sauvages séparent complétement de nous, et que, malgré tous nos désirs, nous ne pourrions nous procurer. Élevez en cage des rouges-gorges, des serins,

même des rossignols et des chardonnerets;
ceux-là payeront au moins vos soins, les uns
par de gentilles caresses, les autres par la mé-
lodie de leurs chants.

CHAPITRE IX

LES PIGEONS, LES RAMIERS, LES COLOMBES.

e garde-chasse fut annoncé en ce moment par Philippe.

— Ah ! c'est vous, mon brave Guillaume ! dit M. Villiers en faisant quelques pas au-devant du garde et en lui tendant cordialement la main.

— Pardon, monsieur Villiers, pardon. Je suis bien hardi peut-être de venir vous trouver jusqu'ici ; mais je pensais que vous viendriez bientôt vous promener du côté de la maison, et, ne vous voyant pas, je me suis décidé à venir... Vous m'excusez, n'est-ce pas, not' maître?

— Comment donc, mon brave; les honnêtes gens comme vous ne sont déplacés nulle part! Et, chaque fois que l'occasion ou les circonstances vous amèneront, je vous recevrai toujours avec plaisir...

— Merci, not' maître! merci... Si tous les riches étaient comme vous, les pauvres se trouveraient plus heureux!... Ce n'est pas de cela qu'il s'agit, mais bien de deux beaux pigeons que j'apporte à M. Simon. Il n'en a pas encore dans ses volières, et ce sera en outre un acte d'humanité, car ils ne peuvent rester à la maison.

— Oh! dit alors M. Villiers en riant, asseyez-vous, Guillaume; car je vois déjà que c'est toute une histoire. Je vais faire appeler les enfants.

Au bout de quelques minutes, Simon et Marie accouraient au salon avec toute la précipitation que leur causait une curiosité vivement excitée par cet ordre de leur père. En apercevant Guillaume, ils poussèrent un cri de joie, et leurs yeux avides eurent bientôt découvert le petit panier, où se trouvaient, timidement blottis, deux magnifiques pigeons aux yeux de rubis, aux pieds roses et délicats!

— Oh! les jolis oiseaux, s'écria Simon; c'est pour moi que vous les apportez, n'est-il pas vrai?

— Et moi? fit timidement Marie.

— Toi! tu en aurais soin! reprit Simon d'un petit air de persiflage.

— Tu te trompes, Simon, dit sérieusement M. Villiers; Marie, à force de peine, est venue à bout de rétablir le linot malade, qui, par le fait, ne lui appartenait pas; aujourd'hui les deux pigeons seront pour Marie... Simon les soignera si cela peut lui faire plaisir. A chacun son droit! à chacun sa part!

Simon comprit que son père venait de lui donner une petite leçon, et, s'approchant alors de sa sœur :

— Il seront à nous deux, n'est-il pas vrai, ma bonne Marie?

— Oh! oui, dit aussitôt l'enfant en embrassant son frère, et tout heureuse de lui faire oublier la légère remontrance de son père.

Pendant cette petite scène, le bon Guillaume avait ôté les pigeons du panier, au grand effroi des deux pauvres oiseaux.

— Voyez-vous, dit le garde, en les regardant avec tendresse, c'est que je serais si fâché qu'il leur arrivât malheur, à ces pauvres petits, que je ne m'en consolerais pas! On est venu me les demander ce matin; mais, bast! ils ne seraient pas soignés comme chez vous, et leur constance et leurs qualités méritent une récompense!

Vous savez, monsieur Villiers, poursuivit Guillaume, que j'ai pour ces oiseaux une prédilection toute particulière; vous avez vu le joli pigeonnier que j'ai fait construire dans mon petit jardin l'an passé; j'y installai d'abord un couple de pigeons blancs comme l'albâtre : rien de si gracieux que ce joli ménage, rien de si uni et de si tendre. Vers midi, après le déjeuner, l'heureux couple allait faire une excursion aux environs, volant côte à côte, s'arrêtant sur le même toit, s'abritant sous le même couvert, et se prodiguant dans leurs promenades journa-

lières mille attentions affectueuses, mille soins
délicats.

Mais voici qu'un triste jour de cet hiver, où
le ciel était sombre, où la terre était couverte
de neige, je vis, vers les trois heures de l'après-
midi, descendre au colombier un de mes pigeons, il était seul ! C'était le mâle; il était triste
et portait la tête basse. Qu'était devenue sa douce
et gentille compagne? avait-elle été la proie d'un
chasseur des environs, ou bien quelque amateur
peu délicat se l'était-il appropriée? un chat, un
chien, avait-il poursuivi et tué l'innocent oiseau? Hélas! je l'ignorais et je l'ignore encore
aujourd'hui.

Pendant tout le mois qui suivit, le pauvre
mari vécut seul tristement, mangeant peu, ne
roucoulant plus, et faisant peine à voir.

Un jour, je le vis, contre son habitude, prendre tout à coup son vol vers la plaine; je ne
m'en inquiétai pas, au contraire, je crus qu'il
avait enfin pris son parti en se consolant de son
veuvage ; mais le soir arriva, et mon pigeon ne
revint pas ! Je le pleurai presque... on s'attache
si vite à ce que l'on soigne !

Il s'écoula trois grands mois, les plus tristes de la mauvaise saison ; le colombier, ouvert à tous les vents, ne paraissait plus être là que pour me rappeler une catastrophe à laquelle mon imagination prêtait souvent tout le dramatique possible, et pour en finir avec cette pensée qui me poursuivait toujours en face de cette demeure vide, j'achetai deux nouveaux pigeons, que j'installai à la place des premiers. Il y a un mois de cela, et déjà quatre petits sont nés de cette union plus ou moins bien assortie.

Or jugez de ma surprise, lorsqu'il y a trois jours je vis s'abattre sur le colombier un pigeon blanc d'albâtre suivi d'un second, diversement chamarré. Il entra le premier, comme s'il voulait faire les honneurs de ce séjour qu'il avait habité, car c'était bien mon pigeon déserteur ! il attendit que son compagnon y fût entré...

Le pauvre oiseau ne pouvant plus supporter cet isolement, pour lequel la nature ne l'a pas créé, revenait avec la compagne qu'il s'était choisie, et à laquelle il avait dit sans doute dans son doux langage : « Viens habiter mon colombier : il est bien situé, bien confortable ; j'ou-

Je vis s'abattre sur le Colombier un Pigeon blanc d'albatre suivi
d'un second diversement chamarré.

blierai près de toi la perte de cette compagne que j'ai tant pleurée, et j'aurai pour toi toute la tendresse que j'avais pour elle.

Sans doute le charmant oiseau avait dit tout cela; mais le nouveau ménage installé dans le pigeonnier, et se livrant aux devoirs si exigeants de la paternité, n'a pas voulu reconnaître l'ancien propriétaire de sa demeure, et le pauvre exilé a été reçu à grand renfort de coups de bec; vainement j'ai essayé de m'interposer et de mettre le bon ordre, j'ai dû céder à l'obstination de la nouvelle et déjà nombreuse famille.

— Oh! donnez, Guillaume, donnez vite, dit Marie, dont le bon cœur s'était ému au récit des malheurs des deux pauvres pigeons; je vais leur faire faire, avec l'argent de mes épargnes, si mon père le permet, une jolie volière où je les mettrai seuls.

— Vous êtes une si bonne demoiselle, dit Guillaume en regardant Marie avec émotion, que je suis bien sûr que M. Villiers ne s'y opposera pas.

— Et vous me jugez en homme de bon sens, mon cher Guillaume; car tous les amusements qui peuvent avoir un résultat instructif pour mes enfants sont toujours accueillis par moi avec plaisir.

— Monsieur Guillaume, dit Simon, est-ce que les colombes et les pigeons sont une seule et même espèce?

— C'est-à-dire, monsieur Simon, que toutes les espèces de pigeons, depuis le ramier jusqu'à la tourterelle, appartiennent au genre colombe. Les rapports qui existent entre chacune de ces espèces sont connus des naturalistes, qui, pour cela, les ont classées dans un même genre. Mais ces variétés diffèrent souvent beaucoup; ainsi le ramier, le voyageur d'Amérique, le pigeon domestique, n'ont ni les mêmes mœurs ni les mêmes habitudes : les uns vivent en troupes nombreuses, dans les bois; ils émigrent de temps à autre, poussés par le besoin de subvenir à leur subsistance; l'abondance explique leur arrivée, la disette est le signal de leur départ. Leur vue est si parfaite, que, sans ralentir leur course, ils découvrent du haut des airs les fruits et les graines qui peuvent leur servir d'aliments. Dès qu'ils en aperçoivent, leur voyage est fini.

Si un faucon noir ou quelque autre oiseau de proie menace l'arrière-garde de la bande, soudain les rangs se serrent, une masse compacte se forme, exécutant les plus savantes évolutions aériennes. Quelquefois toute la troupe se précipite sur la terre, avec l'impétuosité d'un torrent et le bruit de la foudre.

Lorsque, par des zigzags multipliés, elle a fatigué, dérouté son ennemi, elle rase le sol avec une vitesse inconcevable, et, s'élevant de nouveau comme une colonne majestueuse, elle reprend ses ondulations, imitant dans l'espace la marche sinueuse d'un immense serpent.

C'est surtout aux États-Unis que ces oiseaux ont une force de vol incroyable. C'est aussi dans ce pays que leurs troupes s'y rencontrent plus nombreuses. On a calculé qu'en six heures, au plus, des pigeons parcouraient l'espace de cent lieues; il n'est pas rare de les voir accourir de cette distance uniquement pour venir chercher à leur colombier le repos de la nuit, et retourner dès l'aube du jour au lieu même d'où ils étaient partis.

— Ces pauvres oiseaux, ajouta M. Villiers en interrompant Guillaume, ont une fidélité à leur demeure qui est vraiment incroyable, et votre observation me rappelle un fait arrivé à un armateur de mes amis qui habitait Dunkerque.

M. Aubry poussa pendant plusieurs années la passion pour les pigeons presque jusqu'à la folie ; il s'en procurait à grands frais, les faisant souvent venir de toutes les parties du monde ; aussi était-il cité pour posséder la plus belle collection d'amateur ! Cependant, comme tout ce qui est extrême doit avoir un terme, il finit par s'en dégoûter, et, un beau jour, il écrivit à un de ses amis, qui habitait le Brésil, qu'il allait la lui envoyer. Tous les pigeons furent aussitôt embarqués sur un navire faisant voile pour ce pays. M. Aubry, qui lui-même avait un voyage à faire à cette époque, quitta sa maison de Dunkerque, laquelle resta pendant ce temps inoccupée, ainsi que le colombier.

Un mois plus tard, quelques habitants voisins de cette demeure aperçurent à plusieurs reprises un pigeon faisant des efforts multipliés pour entrer dans le colombier; vainement on essaya de l'attirer ailleurs, on lui offrit de la nourriture, il persista plusieurs jours... enfin, un matin, on le trouva mort sur le seuil.

Quelque temps après, M. Aubry reçut une lettre du capitaine de navire qui avait transporté les pigeons, qui lui apprenait que tous étaient arrivés à bon port, excepté un seul qui avait trouvé le moyen de s'échapper en arrivant en Amérique.

D'après la description qu'il en donnait, il fut facile de reconnaître le pauvre pigeon, revenu mourir aux lieux qui l'avaient vu naître; après avoir fait pour les retrouver une traversée de quinze cents lieues!

— Tant d'amour de la patrie et du foyer méritait un meilleur sort, n'est-il pas vrai, mes enfants? ajouta M. Villiers.

Les pigeons voyageurs d'Amérique sont souvent aussi malheureux, et la mort les attend presque toujours à leur passage.

Ces singuliers oiseaux, dont la multiplicité dépasse tout ce que l'on peut imaginer, affluent dans le Canada et s'étendent vers le sud jusqu'au golfe du Mexique. Un voyageur a raconté que dans l'automne de 1815, parcourant le Kentucky, il en vit passer cent soixante-trois bandes en vingt minutes, lesquelles bandes, se rejoignant bientôt en une masse compacte, lui dérobèrent entièrement la lumière du soleil.

Les lieux que ces oiseaux choisissent sont toujours des bois ou des forêts; autour de leur habitation l'œil est surpris en trouvant tous les gazons détruits, tous les taillis brisés; leur surface est jonchée de larges branches cassées par la pesanteur des pigeons entassés les uns sur les autres. Les quartiers de ces oiseaux ne diffèrent de ceux des pigeons ramiers que par leur plus grande étendue; ils y reviennent chaque soir pour y passer la nuit; mais il arrive qu'un jour ils trouvent la mort dans ce lieu où, fidèles à leurs habitudes, ils espéraient trouver le repos. Là, les habitants du pays les attendent au passage, les uns arrivent avec des armes, les autres avec des chariots vides qui bientôt seront remplis de leurs cadavres; quelques-uns viennent pour y séjourner quelque temps, amenant des porcs, des bestiaux, qui s'engraisseront de la chair succulente et délicate de ces pauvres oiseaux voyageurs!

Le signal est donné pour le drame sanglant... les torches sont allumées, un cri sauvage a retenti... les voilà...

Et déjà le sol est jonché de leurs corps palpitants, les branches se brisent avec un épouvantable fracas, tombant sous le poids des victimes qui s'y précipitent les unes sur les autres! Tout, dans cet effroyable tumulte, est fait pour inspirer un sentiment d'horreur et de pitié.

Pendant ce massacre, les pigeons arrivent toujours par millions, et c'est seulement vers minuit que les dernières bandes entrent dans la forêt, mais le carnage dure jusqu'au jour!

Dès que les rayons du soleil commencent à éclairer la cime des arbres, tous les oiseaux qui ont survécu à cette triste chasse s'éloignent pour aller chercher leur nourriture, et c'est à peine si le nombre en paraît diminué.

Le champ de bataille reste couvert de débris sanglants, dont les corbeaux, les buses, les loups et les ours viennent, au milieu de cris lugubres et d'affreux hurlements, se disputer une part.

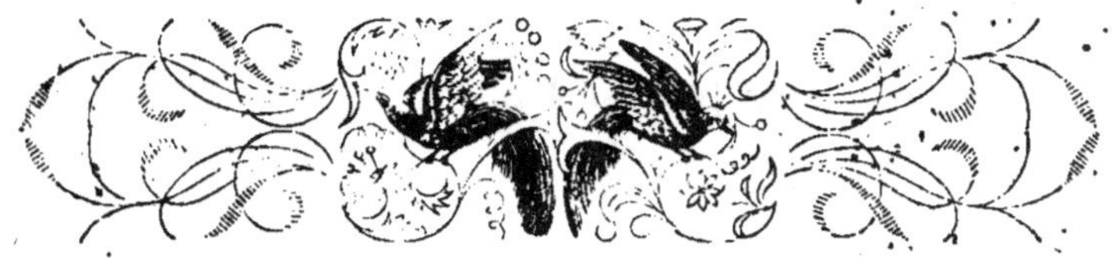

CHAPITRE X

LE NID DE ROSSIGNOL. — LES FAUVETTES. LE LORIOT

imon avait demandé à son père la permission de conduire Guillaume jusqu'au milieu de la forêt, qui n'était pas éloignée de chez lui.

— Je le veux bien, avait répondu M. Villiers, mais à la condition que tu diras au jardinier de t'accompagner ; il est quatre heures après midi, et je ne veux pas te savoir exposé à revenir seul à la tombée du jour.

Simon n'avait fait aucune objection à cet ordre, car il connaissait son père et il savait que toute réplique était inutile ; mais l'obéissance n'était pas la vertu principale de Simon, nous en avons vu un exemple au commencement de cet ouvrage, et ce fut tout en maugréant qu'il se mit en chemin.

— Mon père me prend vraiment toujours pour un enfant de six ans! dit-il enfin en s'adressant à Guillaume.

— Votre père a raison, monsieur Simon, un jeune *monsieur* comme vous ne saurait traverser les bois tout seul, c'est bon pour nos petits paysans, qui connaissent tous les chemins et qui ne sauraient s'effrayer des rencontres que l'on y peut faire.

— Croyez-vous donc, reprit l'enfant de plus en plus blessé dans ses prétentions à la bravoure, croyez-vous donc que je sois plus poltron qu'un enfant du pays?

— Mon Dieu! je ne dis pas cela; mais...

— Mais, reprit Simon avec une colère con-

centrée, moi je dis que je prie le jardinier de
m'attendre ici, à deux pas, chez son ami le
garde champêtre, à la petite maison brûlée...
sans cela, je n'irai pas plus loin...

Guillaume n'osa pas insister, et Philippe, qui
ne demandait pas mieux que de trouver un
instant de liberté, prit aussitôt le chemin de
droite.

— Comme vous voudrez, not' jeune maître;
allez, j' pensons ben comme vous, qui n' peut
rien arriver dans c'te forêt!... Au revoir, Guillaume!... A bientôt, monsieur Simon! j'vous
attendrons!...

Et il s'éloigna.

Quoique la soirée fût déjà un peu avancée, la
nature était resplendissante : l'on était au mois
de mai; partout des bouquets d'aubépine, partout de délicieux parfums! chaque feuille bril-
lait comme une pierre précieuse, chaque fleur
étincelait ainsi qu'un gros diamant; le soleil,
se jouant à travers le feuillage, produisait mille
effets enchanteurs; ici, le chant du merle; là,
le doux ramage de la fauvette; aussi Guillaume,
en admirant cette riante nature, se dit en lui-

même que Philippe avait certainement raison, et qu'il ne pouvait y avoir, en un pareil lieu, aucun danger, même pour le plus timide enfant.

— Puisque vous êtes assez bon pour m'accompagner, monsieur Simon, dit le garde, je vous ménage une surprise...

— Oh! laquelle, mon bon Guillaume?

Le garde s'approcha d'un buisson, et d'une main il écarta une branche à la hauteur de l'enfant.

— Un nid! s'écria Simon.

— Voyez-vous la petite femelle qui se baisse sur ses enfants? comme elle les cache malgré sa frayeur! on voit son cœur battre d'ici... et le mâle, là sur ce rameau, entendez-vous ses cris, voyez-vous son agitation?

— Mais c'est un rossignol! dit Simon.

— Sans doute, not' jeune maître, c'est le petit chantre des bois, le musicien des bocages! Pauvre petit! il n'a pas envie de chanter, maintenant; mais voici tout près une fauvette à tête noire, qui fait retentir l'air de son doux ramage!

Vous savez, sans doute, monsieur Simon, que le rossignol appartient au genre fauvette, qui comprend une infinité d'espèces? Celle-ci fait toujours son nid, comme vous le voyez, sur des branches très-basses, ou même sur des buissons ou des haies; pendant que la femelle est sur son nid, le petit chanteur, placé près d'elle, la réjouit par ses accents. C'est surtout après que le soleil est couché que le rossignol se livre à ce plaisir; mais, dès que ses petits sont éclos, il cesse de chanter, pour se livrer aux soins plus sérieux de la paternité.

Comme tous les oiseaux qui vivent d'insectes et de moucherons, le rossignol émigre chaque année pour aller chercher dans les pays chauds la nourriture que notre climat lui refuse l'hiver; il va en Égypte, en Syrie, en Asie; puis il revient tous les ans, au mois d'avril. Les naturalistes assurent même que son arrivée est certaine dans la nuit du 14 au 15! Je n'oserais affirmer cela, monsieur Simon; mais devant la science il faut s'incliner... et croire... si l'on peut.

Le rossignol est timide : il part seul, voyage seul, arrive seul; son nid, ainsi que vous venez de le voir, est fait avec des herbes, des feuilles et de la bourre.

Je ne pourrais vous nommer toutes les variétés de fauvettes; il y en a un grand nombre; mais certainement vous connaissez le rouge-gorge, que l'on rencontre fréquemment dans nos jardins et dans nos bois, et qui se distingue des autres par un plastron d'un beau rouge qu'il porte sur la poitrine. L'été, ces jolis oiseaux choisissent de préférence un verger pour y faire leur nid, qu'ils construisent avec un art incroyable et se réservant une petite entrée tournante qu'ils cachent avec des feuilles chaque fois qu'ils sont obligés de s'absenter pour chercher la nourriture de leurs petits.

Quand ce joli oiseau s'est laissé surprendre ici par la mauvaise saison, il paye souvent bien cher son imprévoyance; alors il vit de petites baies de toutes sortes d'arbrisseaux et principalement de la ronce. Mais, hélas! souvent cette dernière ressource lui manque, et si l'hiver devient rigoureux, le pauvre petit, mourant de froid et de faim, vient mendier à la porte des fermes et des habitations un abri contre le

mauvais temps et un peu de nourriture ; il se
familiarise et pénètre souvent jusque dans l'intérieur des appartements.

La fauvette siffleuse est aussi très-remarquable
par son joli plumage mêlé d'un beau vert clair
sur le dessus du corps ; elle a au front une large
raie d'un jaune pur ; les côtés de la tête, la gorge,
le devant du cou, l'insertion des ailes, sont de
la même couleur ; le reste est d'un blanc pur.
On la voit souvent en France, et son ramage,
des plus agréables, réjouit aussi nos bois ; elle
vit de mouches, qu'elle attrape au vol ou sur
les feuilles des arbres.

En ce moment Guillaume fut interrompu par
une exclamation bruyante de Simon, qui, du
bout du doigt et rouge de surprise, montrait
au garde un oiseau perché sur un grand chêne ;
il était de la grosseur d'un merle, d'un beau
jaune, avec le bec noir et une tache de même
couleur entre le bec et l'œil.

— C'est un compère-loriot, dit Guillaume
en riant et répondant ainsi à la pensée de l'enfant, l'un de nos plus beaux oiseaux d'Europe ;
il passe l'hiver dans les montagnes et revient en

avril. Vous le voyez, sa grosseur est celle du merle, et son plumage est moitié noir et moitié d'un beau jaune; il vit par couple avec sa gentille femelle; son nid, qu'il a soin d'établir sur les plus hautes branches, est d'une construction admirable : tout y est prévu, calculé; solidité, chaleur; l'intérieur est tapissé de la plus fine mousse, de toiles d'araignées, de soie de chenilles; l'extérieur est construit avec de jeunes écorces flexibles; il suspend ce frêle hamac à l'enfourchure d'une branche, au moyen de lanières de même écorce, solidement attachées, ce qui lui donne la possibilité d'être ainsi doucement balancé par le vent; le plus souvent c'est sur le chêne que le loriot fait son nid, et il nourrit ses petits avec des cerises sauvages, qu'il va chercher sur la lisière du bois.

Ces beaux oiseaux, chanteurs infatigables, s'accommodent assez difficilement de la captivité, et, quoique élevés en cage, il est très-rare que l'on puisse les conserver plus de quatre à cinq mois.

Le loriot fait partie des jolis musiciens de nos bois, et son chant, mêlé à celui des fauvettes,

Son nid qu'il a le soin d'établir dans les plus hautes branches est d'une construction admirable.

ne manque pas de charme, quoiqu'il ne puisse
pas rivaliser avec le merle, dont les accents mélodieux remplissent l'air et les bois d'une poésie
fraîche et suave que rien ne pourrait remplacer.

— Le merle n'est-il pas un oiseau gros comme
une grive et presque tout noir? demanda Simon. Je crois en avoir vu sur un les arbres de
notre jardin, et l'avoir entendu chanter?

— C'est cela, et vous pouvez en avoir vu facilement, car le merle commun se trouve partout
où il y a des jardins, même au milieu de Paris;
il niche à une petite hauteur et cache son nid
avec beaucoup d'intelligence; la femelle est si
bonne mère, qu'elle aime mieux périr que d'a-
bandonner ses petits.

J'ai demeuré dans une habitation, poursuivit
le garde-chasse, où mon petit jardin n'était sé-
paré de la rivière que par une haie fort épaisse.
Un couple de merles y avaient établi leur nid;
mais la rivière vint à déborder; la femelle, dont
les petits étaient nouvellement éclos, se laissa
noyer, essayant jusqu'au dernier instant de les
préserver de la mort en se sacrifiant elle-même.

Guillaume s'arrêta court; ils étaient arrivés

au rond-point de la forêt, et, montrant à l'enfant la limite du chemin, il lui dit :

— Maintenant, notre jeune monsieur, je ne souffrirai pas que vous veniez plus loin. M. Villiers a désigné lui-même cet endroit comme le terme de votre petit voyage ; et, puisque le jardinier vous attend chez mon confrère, il est prudent de retourner.

Simon aurait bien voulu aller jusque chez Guillaume; mais il vit que, cette fois, le garde ne céderait pas volontiers, car le brave homme, craignant que la nuit ne vînt avant que l'enfant eût retrouvé la petite maison brûlée, ainsi qu'on la désignait, n'eût pas facilement changé de détermination.

Il dit donc adieu à Guillaume et s'éloigna en courant, sans faire une grande attention à la voix qui lui criait de loin :

— Prenez bien garde à vous tromper aux quatre chemins, monsieur Simon; c'est la deuxième route à gauche qu'il faut prendre ; la première vous conduirait chez Bailly, l'équarrisseur, et ce côté de la forêt est sombre, il serait facile de s'y égarer ! Au revoir !

Mais Simon avait si bonne opinion de lui-même, qu'il s'éloigna en murmurant à demi-voix :

— Décidément, ces gens-là se figurent que je ne suis encore qu'un enfant !

Et Simon marchait en chassant devant lui un nuage de moucherons incommodes, mais dont la danse bizarre et fantastique avait quelque chose d'amusant pour un écolier en vacances et qui se trouvait seul dans un bois.

Dans son ardeur belliqueuse, peu s'en fallut qu'il ne se surprît à souhaiter des ennemis plus redoutables ; aussi mettait-il à combattre ceux-ci un acharnement qui prouvait combien, malgré ses onze ans révolus, Simon était encore près de l'enfantillage. Quand il fut parvenu à chasser la nuée de démons ailés acharnés à sa poursuite, il s'assit sur la mousse et s'amusa à en soulever de grandes bandes pour avoir le plaisir de troubler la république si paisible du peuple fourmi

Puis, lorsqu'il se fut un peu reposé, il reprit gaiement son chemin, en poursuivant les lézards et en cueillant des bruyères roses, dans l'inten-

tion d'en porter un bouquet à sa sœur Marie ;
mais il n'avait pas fait vingt pas qu'il les aban-
donna pour des genêts ou des pervenches, avec
l'inconstance et la légèreté de son âge.

Quand Simon se trouva en face des quatre
chemins, il eut un instant d'hésitation. L'étourdi
ne comprit la recommandation de Guillaume
qu'en cet instant ; alors vainement il chercha
dans sa tête le dernier son de cette voix protectrice ; il crut se souvenir qu'il fallait prendre
la première route, et résolûment il entra dans
cette voie.

La route se rétrécit bientôt ; des arbres de
haute futaie lui masquaient entièrement les environs ; il marcha longtemps, gaiement d'abord,
puis sérieux, enfin pensif et inquiet ; car, bien
que toutes les routes de la forêt se ressem-
blassent en cet endroit, il crut pourtant s'apercevoir qu'il s'était égaré.

Alors à son inquiétude vint se joindre, comme
un poignant remords..., sa désobéissance envers son père. Ce fut un triste moment et une
grande humiliation pour l'enfant, que celui où,
se croyant perdu, il repassa dans son esprit

toutes ses petites fanfaronnades vis-à-vis de Guillaume et du jardinier.

Il marcha longtemps, le pauvre enfant, sans atteindre la maison du garde, car il lui tournait complétement le dos. Le soleil avait disparu derrière l'horizon, et le chemin dans lequel il s'était engagé était si couvert, que l'on n'y voyait presque plus. Alors le cœur de Simon commença à battre d'une manière inaccoutumée : la sueur perlait sur son front, il regardait avec inquiétude chaque arbre du bois, et les bouleaux isolés, avec leur longue écorce blanche, se détachant du milieu des autres, apparaissaient à son imagination troublée comme autant de muets fantômes !

C'est un affreux mal que la peur ! Simon ne l'avait jamais éprouvée, lui qui ne sortait jamais seul, lui que la tendresse de ses parents avait toujours entouré de soins et de prévoyance ; pourtant il essayait encore de se rassurer en pensant qu'il était près d'atteindre la maison du garde ; mais son espoir ne dura pas longtemps ; car, après avoir encore marché quelque temps, la nuit vint ! Alors l'enfant se coucha sur l'herbe et se prit à sangloter et à remplir le bois de ses cris.

Mais il appela vainement Guillaume et le jardinier; personne ne pouvait l'entendre... Il resta ainsi près d'une heure... Tout à coup, un bruit lointain, comme celui d'une charrette qui roule sur le pavé, vint frapper son oreille... Le cœur palpitant, ivre de joie, le pauvre Simon écoute... la voiture roule à quelque distance sur la grande route; mais comment la rejoindre à travers les ronces et les épines qui encombrent le bois?... N'importe, la peur donne du courage!... Simon suit la direction du bruit, il lutte avec les ronces, se déchire les mains, et c'est le visage en sang, les vêtements en lambeaux, qu'il pénètre enfin jusqu'à la route au moment où passait la charrette.

Mais l'enfant recula d'un pas; car, malgré tout le bonheur qu'il se promettait de cette rencontre, c'était la charrette de Bailly, l'équarrisseur, qui rentrait à son domicile.

Or ce Bailly était à la fois vétérinaire, maréchal et équarrisseur, c'est-à-dire qu'il soignait les animaux malades et les débarrassait d'une triste existence quand il jugeait leurs maux sans remède. Les habitants de Valvins étaient souvent obligés d'avoir recours à lui; mais personne n'estimait Bailly, moins à cause de son métier que pour une quantité de méfaits que la clameur publique lui attribuait avec raison; car, bien qu'on n'eût jamais pu le prendre en flagrant délit de vol, la crainte qu'il inspirait était telle, que pas un paysan des environs ne se fût aventuré à traverser la nuit la forêt avec lui.

Ce soir-là, le vétérinaire ramenait dans sa charrette un pauvre vieux cheval dont le corps osseux, réduit à l'état le plus pitoyable, avait quelque chose de triste et de repoussant; ses jambes, roidies par un travail forcé, avaient perdu à tout jamais la souplesse nécessaire pour plier, et son squelette, immobile et debout sur le devant de la voiture, en occupait une grande partie et donnait à tout cet attelage un ensemble d'un sinistre aspect.

La figure, et surtout le costume débraillé de Bailly, ajoutait encore à la prévention, motivée ou non, dont il était l'objet.

En été comme en hiver, jour de dimanche ou de fête, Bailly portait sur sa tête un sale mouchoir, que sa hideuse profession d'équarrisseur avait plus d'une fois souillé ; ses manches de chemise étaient toujours retroussées jusqu'au coude, et les souliers, pour lui, étaient probablement un luxe inutile, car il n'en portait jamais. En tout temps sa figure tenait le milieu entre la couleur de brique et le violacé, et ses yeux, louches et éraillés, avaient une expression d'astuce et de fausseté qui inspiraient l'éloignement et la défiance.

Il passait, en outre, pour être un peu sorcier ; aussi les crédules habitants de Valvins, qui lui attribuaient cette puissance surnaturelle, n'osaient-ils pas se brouiller ouvertement avec lui, et on lui faisait même force politesses, malgré le mépris général qu'il inspirait.

Ce qui contribuait encore à entretenir tous les mauvais bruits qui couraient sur son compte, c'était la demeure qu'il s'était choisie. Bailly avait fait bâtir dans le plus épais et le plus isolé du bois une petite maison dans laquelle il habitait seul avec sa femme, aussi laide, aussi sale que lui; deux énormes chiens de garde, noirs et repoussant d'aspect, défendaient aux curieux l'entrée de ce lieu, dans le sanctuaire duquel jamais un habitant des environs de Valvins n'avait pu pénétrer. Une grosse sonnette, placée à la porte massive de l'entrée, avertissait Bailly quand on avait besoin de lui. Là se bornait toute communication avec ce singulier personnage. Les poules de la basse-cour, aussi sauvages que leurs maîtres, nichaient dans les arbres du bois, à une lieue à la ronde; les maraudeurs les respectaient, car malheur à celui qui eût porté le plus léger préjudice à Bailly l'équarrisseur!

On peut juger de l'effroi du pauvre Simon en reconnaissant dans le conducteur de la charrette le personnage dont nous venons de parler.

—Monsieur Bailly, lui dit-il d'un air humble et poli, pourriez-vous m'enseigner le chemin pour retrouver la maison du garde des champs? Je me suis complétement égaré.

— Ah! c'est vous, monsieur Simon! Si tard dans le bois!

Simon raconta brièvement comment il s'était

trompé de chemin et enfin combien il était pressé de s'en retourner.

— Si vous voulez monter dans la voiture, dit Bailly, je vous indiquerai la traverse, et vous en serez à deux pas...

Monter dans cette affreuse charrette! Oh! Simon n'eut pas ce courage...

— J'aimerais mieux vous suivre à pied, dit-il en rougissant.

— Ah! oui, fit l'équarrisseur en ricanant d'un air moqueur, je comprends!... L'équipage n'est pas convenable!...

Et il poussa un long éclat de rire sauvage.

— Alors, poursuivit-il, suivez la voiture!

Et, se retournant sur le côté, Bailly reprit l'attitude nonchalante dont l'arrivée de Simon l'avait tiré; il fouetta son cheval, et, sans plus s'occuper de l'enfant, il fut bientôt plongé de nouveau dans un profond sommeil.

Simon suivit presque toujours en courant le cheval et la charrette. — O mon Dieu! pensait-il, qui croirait, en me voyant ainsi, que je suis le fils de M. Villiers! du plus riche propriétaire de Valvins?

En faisant cette petite réflexion vaniteuse, l'enfant essuyait la sueur qui coulait de son front; mais, quand il pensait à l'inquiétude qu'il allait causer à ce bon père, à cette excellente et digne mère, il sentait les larmes couler de ses yeux et les sanglots monter et près de l'étouffer.

La charrette de l'équarrisseur s'arrêta enfin à la porte de la maison, et Bailly, réveillé brusquement, mit pied à terre. — Maintenant, dit-il à l'enfant en lui montrant un sentier frayé à travers le bois, coupez là, en travers, et quand vous apercevrez la grande roche de l'Homme-Géant, vous tournerez à gauche. Au bout de cent pas, vous verrez la Maison brûlée.

—Merci mille fois, monsieur Bailly. Y a-t-il bien loin pour atteindre la roche?

— Oh! bah! l'affaire d'une heure au plus...

— Une heure! Une heure de marche! répétait le pauvre Simon. Si vous vouliez bien me conduire, ajouta-t-il avec politesse, certainement mon père vous récompenserait.

— Je le voudrais bien, mais je ne le puis; car j'ai de la besogne pour ce soir... Allez, n'y a pas l'moindre danger ! Pourvu que vous suiviez bien droit le chemin, c'est comme si vous y étiez... Allons, bonsoir !...

Et il referma la porte de la maison.

Alors, le cœur brisé de sanglots, haletant de fatigue, l'enfant recommença sa route. Oh ! quelles amères pensées vinrent agiter son esprit ! Comme il payait cher une légère désobéissance !

Il marcha à peu près une heure ! Bailly ne s'était trompé que de quelques minutes.

Alors il aperçut la roche se dessiner vaguement, car il faisait nuit noire ; mais la fatigue, l'obscurité, les émotions, avaient tellement impressionné le cerveau du malheureux enfant, que, lorsqu'il se trouva vis-à-vis de l'énorme bloc de grès que les habitants assurent figurer un homme géant, il resta comme paralysé à la même place et sans pouvoir avancer d'un seul pas.

Pâle et tremblant, il essayait néanmoins de maîtriser sa frayeur, lorsqu'au milieu de la pierre blanche il aperçut deux yeux rouges et lançant un feu sauvage ; puis il entendit un lugubre gémissement ! Simon crut toucher à sa dernière heure! Il pensa que le ciel, pour le punir, venait d'animer la gigantesque statue. Puis il regarda encore, mais, au lieu de deux yeux, il en vit quatre... puis six!...

En cet instant, l'enfant crut sentir tout tourner autour de lui, il chercha un appui contre l'arbre le plus voisin... puis il ne vit, ne sentit plus rien!.....

Quand Simon rouvrit les yeux, il faisait jour! Il était dans son lit, entouré de sa bonne mère, de son père, de sa jolie sœur Marie... Il poussa un cri et cacha en pleurant sa tête dans ses deux mains.

Mais sa mère l'embrassa tendrement.

—Tout est oublié, cher enfant! Le ciel a été bien sévère pour une légère désobéissance!

— Mon bon père! ma bonne mère! disait l'enfant. Oh! combien je suis heureux de me retrouver dans vos bras! Que j'ai souffert, surtout en pensant que je ne vous reverrais pas!... Mais, père, qu'est-ce que c'était donc que ces yeux ronds et grands dont la vue m'a fait évanouir, et ces gémissements qui retentissent encore à mon oreille?

— Ce n'était pas autre chose que l'oiseau nommé *Effraie*, mon enfant; genre très-voisin du hibou, mais beaucoup plus commun en France, et que l'on nomme vulgairement la chouette des clochers.

Son nom d'effraie lui vient de la peur qu'elle cause toujours par ses cris âcres et lugubres, qui se font entendre souvent au milieu de la nuit; les tours en ruine, les toits des églises et des autres bâtiments élevés, lui servent de retraite pendant le jour, et elle en sort à l'heure du crépuscule, pour se réfugier dans le creux des rochers. Son souffle, bruyant, ressemble à celui de l'homme qui dort la bouche ouverte; elle pousse aussi en volant et en se reposant des cris si désagréables, qu'elle inspire aux habitants des campagnes une véritable terreur. Les grands yeux ronds de ces oiseaux nocturnes, à pupilles dilatables comme celles des chats, ne supportent pas facilement la lumière; aussi ne cherchent-ils leur proie que la nuit et au clair de la lune. Cette nourriture consiste en souris et petits oiseaux, qu'ils vont enlever à leur nid et qu'ils avalent toujours entiers et sans les déchirer; les grandes plumes de leurs ailes sont bordées d'une frange soyeuse qui les empêche de faire le moindre bruit en volant. On connaît plusieurs espèces de chouettes, mais toutes ont à peu près les mêmes mœurs et inspirent également une sorte de répulsion. Cependant, de tous les rapaces nocturnes, l'effraie est le plus utile à l'homme, puisqu'il détruit une grande quantité de souris, de mulots et même de rats, si nuisibles à l'agriculture.

La roche de l'Homme-Géant, près de laquelle nous t'avons si heureusement découvert hier au soir, après quatre mortelles heures de recherches et d'inquiétude poignante, contient plusieurs nids de ces oiseaux si peu dangereux pour l'homme, et cependant d'un aspect si repoussant.

— Mon bon, mon excellent père, dit Simon, combien votre indulgente tendresse me touche et me pénètre! loin de me faire des reproches justement mérités, vous paraissez avoir tout oublié. Votre bonté rend mes remords plus amers Oh! combien mon absence a dû vous causer d'inquiétude!

— Oh! cela est bien vrai! dit Marie. En ne te voyant pas arriver à la nuit, ma bonne mère commençait à se chagriner; mais, lorsque Philippe, tout effrayé de ne pas t'avoir vu au lieu du rendez-vous, vint avouer à mon père qu'il t'avait laissé revenir seul, ce bon père partit aussitôt chez Guillaume, bien inquiet, bien désolé. Enfin, guidé par les bons renseignements du garde, ils se mirent tous en campagne, y compris le pauvre Philippe, qui était plus mort que vif, et qui se frappait la tête en disant qu'il ne se pardonnerait jamais d'avoir cédé à ta prière et de ne pas t'avoir accompagné malgré toi.

Enfin ce fut après avoir battu toute la forêt pendant quatre heures à la clarté de torches de résine, et après avoir longtemps appelé inutilement, que l'on te trouva évanoui au pied du rocher... Notre bon père a tout deviné, jusqu'à ta frayeur de la chouette. Moi, je t'avoue que je n'aurais pas imaginé cela, attendu que tu me disais tous les jours que tu étais si brave!...

Marie s'arrêta en souriant d'un air de malice, et regarda Simon avec finesse.

— Oh ! je te pardonne ta raillerie, ma bonne sœur ! je l'ai bien méritée, et je m'en souviendrai toujours ! C'est une leçon que le ciel m'a donnée.

— Mes chers enfants, dit à son tour madame Villiers, je suis si heureuse de vous avoir là, tous deux, près de moi, que je ne pense à cette mauvaise soirée d'hier que pour mieux sentir mon bonheur d'aujourd'hui. Pauvre Simon ! ta santé n'en a pas souffert, ainsi que je le craignais. Transporté dans ton lit par Guillaume, qui n'a voulu céder cette peine à aucune autre personne, un sommeil paisible a succédé à ton évanouissement, sans que ce retour à la santé ait pu même te réveiller, tant avaient été grandes pour tes forces les fatigues physiques et morales de cette triste soirée !

Simon raconta alors tout ce que sait maintenant notre jeune lecteur sur la rencontre de Bailly et sur sa course à travers les ronces et les épines.

— Tu vois, dit M. Villiers à son fils, que si Dieu, dans sa bonté, nous a donné un père, c'est pour guider notre inexpérience, et que

14

souvent les actions qui paraissent les plus simples en apparence peuvent avoir de graves ré-
sultats lorsqu'elles n'ont pas été dictées par
la prévision que donnent l'âge et l'habitude des
événements de la vie.

CHAPITRE XI

HISTOIRE DU ROUGE-GORGE. — LA FAUVETTE COUTURIÈRE. — LE FAUCON.

ependant, bien que la frayeur du pauvre Simon n'eût pas eu de suites fâcheuses, le spasme nerveux qu'il avait ressenti, et plus encore sans doute la marche forcée à laquelle il s'était livré, avaient déterminé une fatigue si grande, que madame Villiers, en mère sage et prudente, ne voulut pas que l'enfant

quittât le lit de toute la journée, ce qui, il faut
le dire, ne paraissait pas agréable à Simon, dont
les habitudes un peu vagabondes allaient beaucoup souffrir de cette précaution.

Cependant ce fut à qui, dans la maison, se
prêterait à charmer les loisirs du petit prison-
nier; Marie apporta son ouvrage de tapisserie,
la cage de ses jolis chanteurs, les linots, et même
un livre de contes de Perrault, pour récréer son
frère, au besoin, avec *Barbe-Bleue* ou la *Belle et
la Bête*.

Madame Villiers s'assit elle-même dans un
grand fauteuil d'ébène à haut dossier, la tête
renversée en arrière et les yeux à demi fermés.
Ainsi encadré, le doux visage de la sainte femme
avait quelque chose de poétique et de rêveur; elle
prit la Bible, l'ouvrit en se signant : c'était le
seul livre que la mère de Marie se fût jamais
permis de lire !

Nous ne raconterons pas la conversation plus
ou moins intéressante de Marie, sans cesse bri-
sée par les taquineries de Simon, qui l'inter-
rompait à chaque instant pour la démentir, la
contrarier même jusqu'à lui faire verser quel-

ques larmes, elle qui se faisait une joie de trouver les moyens de distraire son frère ! Soit dit sans déplaire à nos petits lutins de lecteurs, la plus espiègle de toutes les petites filles vaut encore mieux que le meilleur des garçons.

M. Villiers avait été obligé de s'absenter une partie de la journée; mais, aussitôt après son arrivée, le bon père vint s'informer de la santé de Simon, qui n'avait plus d'autre mal que le violent désir de se lever et d'aller courir les bois.

— Père, si tu voulais bien permettre, j'irais un peu me promener?

— Non, dit d'une manière brève madame Villiers, qui pour la santé de ses enfants réclamait toujours ses droits de mère ; non, Simon, demain vous serez libre ; mais aujourd'hui ni votre père ni moi nous n'accorderons cette permission ; prenez-en votre parti !

Simon rougit et n'ajouta pas un mot; il savait que, si sa bonne mère faisait rarement valoir son autorité, elle ne reculait jamais dans le cas où elle en avait fait usage.

M. Villiers déposa sur une table son chapeau

et sa canne, prit une chaise et s'assit auprès de l'enfant.

— Allons donc ! Simon, lui dit-il, ne vas-tu pas être maussade toute la soirée ?... J'arrivais pourtant avec l'intention de vous raconter à tous quelques faits d'histoire naturelle, et, puisque nous en sommes aux oiseaux, une légère historiette...

Le bon père n'avait pas achevé, que Marie, le bras enlacé autour de son cou, le suppliait, en l'embrassant, de commencer. Quant à Simon, le sourire le plus ouvert venait de s'épanouir sur ses lèvres boudeuses, et, attirant près de lui M. Villiers, il lui disait :

— Père, je suis bien ingrat, car je devrais bien savoir que votre incessante pensée est pour nous et pour tout ce qui peut nous être agréable !... Me pardonnerez-vous ?

Pour toute réponse, M. Villiers embrassa son fils.

— Le petit conte que je vais raconter, mes enfants, leur dit-il, peut faire partie de notre cours d'étude sur les oiseaux; car il vous apprendra les mœurs de quelques fauvettes, toutes intéressantes, non-seulement à cause de leur charmant plumage, mais encore en raison du charme de leur voix.

HISTOIRE DE ROUGE-GORGE

Rouge-Gorge prit naissance sur la branche touffue d'un buisson d'aubépine; sa mère, que le ciel avait douée, comme toutes les fauvettes, d'une adorable tendresse pour ses petits enfants, avait parcouru tous les environs, cherchant la mousse la plus fine, la soie la plus délicate, et ne trouvant jamais rien d'assez douillet, d'assez précieux pour son nid, et, lorsque enfin ses recherches avaient été plus fructueuses, elle revenait ces jours-là non-seulement le bec garni de ces fins matériaux, mais elle trouvait encore le moyen d'en embarrasser ses pattes. Dieu sait combien de voyages la pauvre mère fit ainsi! mais son amour maternel doublait ses forces et lui donnait du courage.

Quand elle fut satisfaite de son œuvre, elle cacha son nid sous un bouquet de feuilles, le couva tendrement sans le quitter un instant, pour lui conserver toujours le même degré de chaleur.

Ce fut ainsi que naquit le petit Rouge-Gorge; toutes les fauvettes des alentours, le rossignol à leur tête, célébrèrent son heureuse naissance: le nouveau-né venait augmenter la famille de toutes ces gentilles musiciennes, dont il ne diffère que par le plastron, d'un brun rouge, qui couvre sa poitrine et qui lui a valu le nom qu'il porte.

Sa mère lui avait enseigné cet art, que tous les oiseaux possèdent si parfaitement, d'apercevoir de très-loin les plus petits insectes, et de les découvrir sous le fourré du bois le plus épais.

Rouge-Gorge avait passé joyeusement les six premiers mois de sa vie, vivant de plaisir et de chasse, buvant la rosée du matin, se baignant dans le calice des fleurs, et chantant gaiement depuis le point du jour jusqu'au soir.

Doux, aimable, du caractère le plus liant, il eut bientôt de nombreuses connaissances; ce fut vainement que sa bonne mère, toujours à l'affût pour son bonheur, l'engagea à y mettre quelque réserve... Rouge-Gorge ne se défiait jamais.

Une charmante fauvette à tête noire devint bientôt son amie. On la nommait la matinale, parce qu'elle aimait à chanter particulièrement le matin. La jolie artiste était douce, pleine de cœur et d'obligeance, mais étourdie et légère, ne s'inquiétant jamais du lendemain. Comme Rouge-Gorge, depuis longtemps elle avait dédaigné l'expérience de sa mère, ne s'en rapportant qu'à son propre jugement, qu'elle croyait infaillible.

Rouge-Gorge prenait cette assurance pour de l'esprit et du bon sens, et le petit ton tranchant de la fauvette lui imposait... Que de gens plus sensés que notre héros s'y laissent prendre chaque jour !

Il fit connaissance avec son cousin-germain le rossignol, musicien célèbre, qui le conduisit bientôt chez la *Babillarde*, autre variété de l'espèce fauvette. Celle-ci ne chante pas comme la matinale, mais elle gazouille continuellement et presque sans interruption. Il connut aussi la jolie fauvette à tête bleue, la gorge-bleue, la grisette, etc.

Voilà donc le jeune oiseau en relation de parenté avec sa joyeuse famille, et Dieu sait si le printemps lui suffit pour répéter toutes les jolies chansons qu'il avait apprises !

Il est rare que l'expérience arrive aux chanteurs ; regardez plutôt la cigale. Il avait beaucoup à apprendre, le gentil Rouge-Gorge ! En traversant les champs, il s'amusait à regarder voler les papillons. Un plus expérimenté en eût fait un bon repas. Mais Rouge-Gorge était poëte : il se posait sur une fleur d'aubépine, et là chantait à plein gosier, heureux du présent, confiant dans l'avenir.

Un jour où le soleil était déjà moins chaud, où le feuillage commençait à jaunir, il entendit un certain appel, une sorte de cri d'alarme... Il vit çà et là de tous les côtés à la fois arriver en troupes toutes les fauvettes ses parentes, dont nous avons déjà donné le nom, et beaucoup d'autres variétés plus ou moins agréables, faisant toujours partie de la même famille.

— Que veut dire cela? dit Rouge-Gorge, inquiet du tumulte, des *pourparlers* de la troupe, et ne pouvant en deviner la cause.

— Je n'en sais pas davantage, et vraiment j'en suis toute surprise, lui dit sa babillarde compagne.

Les deux jeunes oiseaux allaient se faire part de leurs réflexions mutuelles lorsque la mère de Rouge-Gorge vint se poser sur une branche à peu de distance de son fils... L'ingrat! il ne la reconnut pas! Mais elle, la pauvre mère, elle ne l'avait jamais perdu de vue. La nature lui avait mis au cœur, pour cet insouciant enfant, un amour, une tendresse inépuisable...

Après s'être approchée de lui :

— Écoute, lui dit-elle de sa douce voix de fauvette, écoute, ô mon fils bien-aimé! les conseils d'une mère. Voici l'hiver qui s'approche avec son froid manteau. Déjà le moucheron va devenir rare. Viens avec moi dans des contrées plus chaudes. Voici notre caravane qui s'apprête ; encore quelques instants, et nous voyagerons en troupes nombreuses et serrées : l'union fait la force. Crois-en ma tendresse, crois-en mon amour pour toi. Malheur aux traînards iso-

lés! L'oiseau de proie, le plomb du chasseur...
Viens, mon fils, viens! Demain, il serait trop tard!

Le jeune oiseau regarda sa mère, et peut-être
eut-il en cet instant la pensée de suivre ses
conseils : mais un sourire moqueur de son étourdie compagne paralysa ce bon mouvement.

— Merci, dit-il à sa mère, merci; votre intérêt me touche; mais nous ne sommes plus,
Dieu merci, dans ce pauvre siècle où les enfants avaient toute leur vie besoin d'être guidés
par leurs grands parents. Aujourd'hui nous
savons tout ce qu'ils savent... et souvent beaucoup plus!

— Et l'expérience, dit la mère en secouant
tristement la tête, la comptez-vous donc pour
rien? Oh! apprenez, enfants, que nous n'acqué-
rons jamais cette science qu'à nos dépens. Quand
vous la connaîtrez, il sera trop tard!

Il faut le dire, malgré tout l'intérêt que nous
portons à Rouge-Gorge : loin de savoir gré à sa
mère de sa prévoyante tendresse et de sa per-
sistance, l'étourdi étendit vivement les ailes et
s'éloigna d'un vol rapide... Il voulait, pensait-
il, en finir avec d'ennuyeuses remontrances; et,

quand la fauvette légère qui l'avait entraîné vint le retrouver, tous deux se félicitèrent sincèrement d'avoir su lui résister.

— Ils vont tous voyager, dit la Matinale. Tant mieux! Il nous en restera davantage, et la part du gâteau est plus grosse quand on est moins de monde à la partager... L'hiver! l'hiver! qu'est-ce que cela? Fuir son pays!... Et pourquoi?... Les vieilles gens ont toujours peur!

Et voilà Rouge-Gorge en gaieté, et, comme toujours, riant des saillies de sa folle compagne.

La nuit venue, les deux fauvettes s'endormirent chacune sur un arbre voisin, et le jour ne paraissait pas encore, que déjà la Matinale égrenait une à une ses plus joyeuses chansons.

Mais, le lendemain, la nature leur parut silencieuse et décolorée. Plus un seul de ces musiciens des bocages, tous avaient disparu!

On assure que Rouge-Gorge et la jeune fauvette se surprirent à soupirer; mais ils eurent grand soin de se dissimuler réciproquement leur pensée.

Pendant les quinze jours qui suivirent, le

soleil avait encore de la chaleur, les jolies baies
d'aubépine pendaient rouges comme autant de
grains de corail sous le couvert des bois; ils
trouvèrent donc à faire bonne chère. Ils vécu-
rent largement.

Mais bientôt, chaque matin et chaque soir, ils
éprouvèrent une certaine impression de froid
inaccoutumée, qui rendit leur gaieté moins vive
et leurs chansons plus rares.

Un matin, en s'éveillant, ils furent très-surpris
de trouver la terre et les arbres couverts de gelée blanche. Pauvres petits! il n'avaient vécu
qu'un printemps, ils ne connaissaient pas la gelée! Ils se serrèrent sur une branche, bien près
l'un de l'autre, s'enveloppèrent le mieux qu'il
leur fut possible dans leur épaisse fourrure de
plumes, regardant tristement voler les feuilles
que la bise emportait en tournoyant...

Il fallut pourtant se décider à descendre pour
chercher de la nourriture, mais ils ne trouvèrent
pas un seul insecte. Ce jour-là, on assure que
Rouge-Gorge reprocha à sa compagne d'être la
cause de son malheur!

Après de longues recherches, Fauvette lui

annonça le lendemain matin qu'elle avait trouvé de quoi les nourrir tous deux fort longtemps : c'était des baies de prunellier, car les fruits de l'aubépine étaient épuisés depuis quelques jours.

Mais bientôt l'hiver apparut dans toute sa rigueur, et les deux imprévoyants petits oiseaux commencèrent à comprendre pourquoi tous leurs semblables allaient chercher au loin un climat meilleur; les dernières paroles de la mère de Rouge-Gorge lui revenaient sans cesse à la pensée : « *Quand vous saurez cela, il sera trop tard!* » Que n'eût-il pas donné, le pauvre petit, pour avoir écouté cette tendre mère? Hélas ! le mal était sans remède !...

Blottis dans le tronc d'un vieil arbre, les deux fauvettes, mourant de faim et de froid, regardaient avec envie le moineau franc plus robuste et trouvant partout sa nourriture; puis, un jour d'affreuse gelée, le pauvre Rouge-Gorge, que la nature avait créé confiant et ami des hommes, eut la malheureuse idée d'aller demander l'hospitalité dans une maison habitée. Mais, ne voyant pas d'autre issue que la cheminée, attiré d'ailleurs par une douce chaleur qui s'en échappait, il pénétra étourdiment et vint tomber au milieu des flammes. On s'empressa de retirer le malheureux oiseau : il était trop tard !

Ainsi périt Rouge-Gorge, à la fleur de son âge. Sa mort prématurée l'avait privé de toute postérité.

Fauvette, moins confiante, moins familière, ne voulut jamais aborder les habitations humaines ; après avoir enduré le froid, la faim, la misère la plus affreuse, le fusil d'un chasseur vint mettre un terme à ses souffrances.

— Que penses-tu de mon histoire, dit M. Villiers en s'adressant à Simon avec un sourire.

— Mais je crois que votre fable a été inventée exprès pour la circonstance ; elle n'en est pas moins charmante, et croyez, mon bon père, que les malheurs de Rouge-Gorge resteront gravés dans ma mémoire ; désormais l'expérience de mes parents me servira de guide, et je ne me laisserai plus entraîner à de fausses démarches.

— Et moi, dit Marie, j'ai aussi très-bien compris l'allusion ; mais le sort des fauvettes m'a fait tant de peine, que j'en ai le cœur tout gonflé !

En disant cela, l'enfant courut à la cage des linottes, et, les accablant de baisers et de sucreries, elle disait au linot prodigue avec l'enfantillage de l'enfance :

— Heureux petit ! tu ne nous quitteras plus ! et, si ta légèreté t'a fait quelque temps souffrir, grâce à ta sage compagne, tu as retrouvé le bonheur !

— Ma fable n'est pas une fable, mes enfants, ajouta M. Villiers, mais l'histoire de tous les oiseaux qui se nourrissent d'insectes et que l'imprévoyance et la légèreté ont empêché de s'éloigner ; il en est bien peu qui résistent à l'hiver, car les fauvettes, en général, aiment la chaleur.

Dans l'Inde, on en connaît une charmante espèce, que l'on nomme la couturière, parce que l'industrie qu'elle déploie à faire son nid tient véritablement de l'art de la couture. Ce nid est composé de fibres menues, de plumes soyeuses, d'aigrettes de chardon. La petite couturière prépare d'abord le fil qui doit lui servir à la confection de son œuvre : c'est sur un arbre du pays qu'elle recueille ce précieux coton qu'elle file adroitement avec son bec et ses pattes; ensuite elle pratique de petits trous le long du bord de plusieurs feuilles à surface solide et large, et passe avec son bec son fil dessus et dessous dans chacun des trous qu'elle a faits à l'avance, et de manière à coudre plusieurs de ces feuilles ensemble et à en former une petite tente suspendue, afin de cacher le nid précieux aux singes et aux serpents, ses plus grands ennemis.

— Que la nature est admirable en ses merveilles ! dit madame Villiers en posant son livre sur ses genoux. Quelle industrie pour de si petits êtres !

— Dieu fait autant dans la nature pour le plus petit que pour le plus grand, et, s'il est des animaux moins industrieux, moins intelligents, c'est que cette intelligence est moins nécessaire à la conservation de leur espèce. Vous le voyez, mes enfants, chacun de ces oiseaux a ses in-

L'oiseau sur l'ordre de son maître s'élançait à la poursuite de la perdrix ou
du faisan.

stincts particuliers; on trouve parmi eux des maçons et des architectes, on trouve aussi des pêcheurs et des chasseurs; il en est d'autres que l'homme a utilisés pour ses plaisirs : le faucon, par exemple, un oiseau de proie très-connu, a longtemps servi aux grandes chasses; ce plaisir était exclusivement réservé à la no-

sse, et, malgré l'invention du fusil, il n'y a pas plus de soixante ans que le grand-duc de Iesse-Darmstadt s'amusait encore de cette chasse. Au moyen âge, l'art de dresser ces oi-seaux fut professé par des hommes qui y appli-quèrent leur intelligence, et la fauconnerie prit place parmi les industries humaines; elle eut ses règles, ses lois, sa langue, qui n'était qu'un jargon barbare et ridicule.

Il était rare alors que l'on rencontrât un sei-gneur, ou même une châtelaine, sans son faucon sur le poing.

L'oiseau, sur l'ordre de son maître, s'élan-çait à la poursuite de la perdrix, du faisan, ou autre gibier qu'on lui désignait. Il l'atteignait de son vol rapide, l'enlaçait dans ses serres, et l'apportait au chasseur. Pour empêcher le faucon de se jeter étourdiment sur le premier oiseau venu, on lui mettait sur la tête un petit capuchon orné d'un plumet, qui lui couvrait les yeux, et l'on ôtait ce bonnet pour lui faire voir le gibier qu'il devait chasser. Afin de le retrouver dans les bois et les broussailles, on lui faisait porter ordinairement de petites sonnettes aux pattes.

On connaît un grand nombre de faucons, mais tous se nourrissent également de proie vivante. Quand ces oiseaux, malgré leur petite taille, s'élancent sur une gazelle ou sur un mammifère quelconque, c'est à la nuque qu'ils le saisissent, et malheur à lui; car l'oiseau, aussi rusé que féroce, commence par crever à coups de bec les yeux de sa victime, et c'est ainsi qu'il la dompte. A l'état libre, cet oiseau préfère le gibier à plumes. Lorsque, rasant avec bruit la terre de ses longues ailes, il aperçoit une compagnie de perdrix, il la suit ou la croise, l'atteint, et, en la traversant, cherche à en saisir une avec ses serres; s'il manque son coup, il la heurte si violemment avec sa poitrine qu'il l'étourdit, revient sur elle et l'enlève. L'émerillon, un des plus petits faucons, mais aussi l'un des plus courageux oiseaux de proie, aime beaucoup la chasse aux pigeons. Quand il convoite un de ces oiseaux, il commence par l'isoler de ses camarades; puis il se met à décrire autour de lui des cercles de plus en plus étroits; et, quand il est à portée, il le saisit, et souvent tombe à terre avec lui, tant le poids de sa victime l'emporte sur le sien; d'autres fois, c'est en passant qu'il saisit le pigeon inattentif. Quand l'émerillon passe le long d'une haie qui recèle de jeunes oiseaux, sa vue glace tellement d'épouvante les pauvres petits cachés dans le feuillage, qu'ils restent saisis de terreur et se laissent prendre sans chercher à fuir.

La race des faucons est aujourd'hui peu nombreuse. C'est quelquefois sur les rochers les plus élevés que les grandes espèces font leur nid; c'est une aire, composée de buchettes et construite sans art. Il arrive aussi qu'ils s'emparent de nids de pies et de corneilles, pour ne pas avoir la peine d'en construire eux-mêmes. Les faucons sont des oiseaux de passage, ce qui s'explique par le départ des oiseaux dont ils font leur nourriture. L'émerillon part au printemps pour le Nord, où il niche, et revient habiter les contrées méridionales lorsque le froid se fait sentir. Leur vie est très-longue, et l'on a l'exemple d'un faucon pèlerin qui a vécu cent vingt ans.

— Père! dit alors Simon, on n'utilise donc plus aujourd'hui ces oiseaux pour la chasse?

— Beaucoup moins qu'autrefois, mon ami, reprit M. Villiers; cependant cet usage n'est pas encore complétement oublié, et, dans certaines villes de Belgique et d'Angleterre, les habitants se livrent encore à l'art de dresser le faucon. Ils vont en Hanovre chercher ces oiseaux, et viennent ensuite les vendre dans le nord de l'Europe.

On exerce encore cette industrie chez certains peuples de l'Asie et de l'Afrique septentrionale; les Persans et les habitants du Mogol poussent même fort loin l'éducation du faucon. Il y a des faucons pour chasser le daim, la gazelle, etc.; le voyageur Thévenot raconte qu'ils les instruisent pour cette chasse avec beaucoup d'adresse.

« Ils ont, dit-il, des gazelles empaillées, sur le
nez desquelles ils donnent toujours à manger à
ces faucons, et jamais ailleurs. Après qu'ils les
ont ainsi élevés, ils les mènent à la chasse,
et, lorsqu'ils ont découvert une gazelle, ils
lâchent deux de ces oiseaux, dont l'un va fondre
sur le nez du pauvre animal et s'y cramponne
avec ses griffes. La gazelle s'arrête et se secoue
pour s'en délivrer : l'oiseau bat des ailes pour
s'y tenir accroché, ce qui empêche la gazelle de
courir et même de voir devant elle ; enfin, lorsqu'avec bien de la peine elle s'en est défaite,
l'autre faucon, qui est en l'air, vient prendre la
place de celui qui est à bas, lequel se relève
pour succéder à son tour à son compagnon,
lorsqu'il sera tombé. Ils retardent tellement
ainsi la marche de la gazelle, que les chiens
ne tardent pas à la joindre. »

M. Villiers eût peut-être encore longtemps
continué la conversation, s'il n'eût été interrompu par le son de la cloche, qui annonçait
le dîner.

Simon fut servi dans son lit; madame Villiers
avait mis cette condition à la liberté entière qui

devait lui être rendue le lendemain, jour de la
fête patronale du village de Valvins.

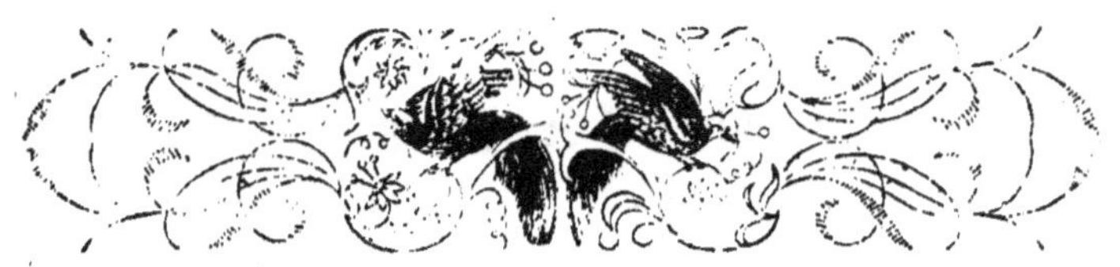

CHAPITRE XII

LA FÊTE DE VALVINS. — LA LOTERIE, — LA PIE VOLEUSE

e jour tant désiré par les enfants était enfin arrivé! Dès le matin, le bruit des cloches et du tambour annonçait aux joyeux habitants qu'une messe cérémoniale allait être célébrée en l'honneur de cette ancienne et traditionnelle coutume.

Derrière le parc de M. Villiers, et dans une des parties négligées de la forêt, se trouvaient installés, avec l'autorisation du maire, quelques marchands forains, peuple nomade dont l'existence pourrait paraître un problème, s'il ne s'était fait dès son jeune âge une habitude d'insouciante misère.

Tous les enfants du village, pauvres ou riches, heureux et confondus ensemble, tous possesseurs de ce modeste instrument de musique auquel on a donné le nom de mirliton, parcouraient déjà en tous sens le théâtre de la foire; c'était bien peu de chose que cette naïve fête! et de quel œil un des héros parisiens de nos délicieux bals d'enfants eût-il regardé tout cela! Pourtant il y avait dans le site où elle était placée une certaine poésie de lieu qui lui prêtait du moins un charme particulier.

C'était une belle pelouse, richement tapissée de boutons d'or et de pervenches. Au bout de la pelouse, on voyait une vieille roche noircie par le temps et d'où sortait avec bruit une eau limpide, retombant en cascade dans un bassin creusé par la nature. La surface de cette eau verte et dormante était garnie vers ses bords de joncs fleuris et de nénufars. Les arbres qui entouraient ce lieu ordinairement isolé et sauvage croissaient en tous sens, laissant pendre çà et là leurs tiges échevelées, qui recélaient dans leurs branches des milliers de rossignols et de fauvettes.

Autour de ce lieu, et à quelque distance les uns des autres, se trouvaient placés quelques marchands de bonbons et de pain d'épice, quelques théâtres ambulants, dont Arlequin et Polichinelle faisaient les principaux frais.

Une fois la nuit arrivée, la fête avait quelque chose de plus rustique encore, c'étaient cet éclairage semé sans art dans la forêt et le bruit des danses champêtres qui venait se mêler aux murmures de la cascade. L'orchestre était improvisé sur deux tonneaux vides et renversés; deux pauvres ménétriers du village marquaient les figures de la danse, et les petits enfants et les jeunes filles qui ne se trouvaient pas invités formaient des rondes à quelques pas de là.

Mais ce qui faisait les délices des habitants de Valvins, c'était une loterie de bijoux et de porcelaines grossièrement dorées. Une boîte en maroquin, garnie de bagues, de boucles d'oreilles et d'épingles d'or, captivait surtout l'attention des jeunes filles, qui ne pouvaient pas regarder sans envie une assez jolie broche, lot principal de la loterie, sorte d'amorce pour attirer les dupes; car ces jeux de hasard sont ordinairement un piége tendu à la crédulité des passants et où viennent s'engloutir toutes les petites économies que ces pauvres gens ont faites au prix de nombreuses privations.

Ce qui redoublait encore l'attention du public était une pie vivant en liberté à côté de sa maîtresse et faisant elle-même, avec le langage le plus net, l'annonce de la loterie. « Venez, messieurs, venez, mesdames, tirez la loterie pour deux sous! Voici des montres, des épingles! Pour deux sous! pour deux sous! » Et elle insistait sur le prix en le répétant pendant quelques instants; puis le malicieux oiseau s'éloignait un instant, disparaissant dans le fourré du bois, et l'on n'entendait plus que les longs éclats de rire de Margot. C'était ainsi que l'avait nommée sa maîtresse. L'annonce de la pie avait un succès fou, et les autres marchands ne regardaient pas sans envie la foule se grouper autour de la loterie, au grand détriment de leur industrie plus ou moins intéressante ou variée.

A quelques pas de là, assise sur l'herbe et tout près de la cascade, une petite fille d'une douzaine d'années regardait la fête à l'écart.

—Viens-tu voir les marionnettes, Louison? dit en passant près d'elle une autre jeune fille dont la croix d'or et le petit fichu richement garni de valencienne indiquaient une certaine aisance.

—Merci, répondit l'enfant; je n'aime pas les marionnettes.

—Laisse-la donc, ajouta une troisième; tu sais bien qu'elle n'a pas d'argent, et qu'il faudrait encore payer pour elle! D'ailleurs, le beau plaisir de l'avoir à notre société!... une idiote!

—Taisez-vous, Jeanne, reprit la première; Louison est douce et gentille: elle n'est pas si bête qu'elle veut bien le paraître; mais elle sait qu'on la regarde mal, parce que c'est un enfant de la charité!... Est-ce de sa faute, après tout, si elle a perdu son père et sa mère, quand elle

16.

était encore au berceau ? Elle est bien assez malheureuse, et la Grandjean, qui lui accorde l'hospitalité, lui fait payer bien cher le morceau de
pain qu'elle lui donne !

— Elle est si sauvage et si sotte !

— Cela n'empêche pas qu'elle a eu l'an passé,
à l'école communale, le prix de travail et de
lecture, et qu'elle aura certainement, cette année, celui d'écriture et de calcul, même que
toutes les autres petites ignorantes en sont ja-
louses, et que c'est pour se venger qu'elles l'appellent l'idiote.

— Tu diras tout ce que tu voudras, je te dis
qu'elles ont raison, et que Louison est imbécile.

— Imbécile ou non, je l'aime, et je veux lui
payer sa fête.

En disant cela, la petite paysanne qui portait
une croix d'or s'approcha de l'enfant qu'elle avait
désignée sous le nom de Louison.

— Viens donc, dit-elle en la prenant par le
bras et l'entraînant presque par force. Donne-
moi le bras.

Louison n'osa pas résister ; mais elle jeta un

coup d'œil de tristesse sur son mauvais tablier de cotonnade passée et sur un trou d'usure qui se voyait à la manche de sa robe ; elle passa la main sur ses cheveux blonds que le peigne semblait n'avoir jamais lissés, et suivit sans dire un seul mot, sa petite compagne, faute, sans doute, de pouvoir s'échapper de ses mains.

Tout à coup celle qui l'entraînait ainsi lui lâcha le bras en s'écriant :

— Mon Dieu ! mais tu pleures !... Et pourquoi donc ?

Louison fondait en larmes et voulait fuir de nouveau.

Enfin, bon gré, mal gré, ses compagnes la conduisirent devant la marchande de bijoux.

Là, la vue du brillant étalage parut faire oublier un instant à Louison sa misère et son chagrin, et bientôt le trio de jeunes filles, se faisant jour avec les coudes à travers une foule compacte, se trouvait tout à fait au premier rang, sur le devant de la boutique.

En ce moment la partie était brillante : une nombreuse société de bourgeois des villages en-

vironnants tenait en main tous les numéros :
c'est un moyen infaillible pour gagner le gros
lot. La bande joyeuse payait un franc par billet :
il y en avait cent; on voit que la marchande ne
pouvait pas y perdre, le lot principal étant une
broche en or dont la valeur ne dépassait pas
trente francs.

Pendant les apprêts du tirage, la pie conti-
nuait d'attirer l'attention des promeneurs, et plus
elle voyait la foule encombrer la boutique, plus
sa voix saccadée devenait éclatante et son appel
pressant. La pauvre Louison, ainsi arrachée à
ses pensées, ne savait plus en cet instant ce qui
l'intéressait davantage de l'oiseau bavard ou
des objets éclatants qu'elle avait devant les
yeux.

Enfin, le n° 89 est sorti de la roue, et la pièce
principale du magasin est adjugée à un petit
garçon de six à sept ans, qui se trouvait placé à
côté de Louison. La jeune fille regarde avec admiration le beau bijou posé encore sur le devant
de l'étalage et dont son heureux voisin va devenir
le possesseur : peut-être l'envie, ce vilain démon
à l'œil fauve, allait-il lui souffler en ce moment

une de ses mauvaises pensées, lorsqu'un bruit
extérieur bien connu de la pauvre enfant vint
l'arracher à sa contemplation et la faire fuir à
toutes jambes.

C'était la voix mâle et rauque de la fermière
Grandjean.

Louison se glissa doucement parmi la foule
beaucoup trop occupée pour songer à elle, puis,
une fois libre, elle se mit à courir sans s'arrêter,
jusqu'à ce qu'elle fût arrivée dans un endroit isolé
et masqué par des buissons de jeunes châtaigniers. Là, elle s'assit et se remit à pleurer, car
l'enfant, bien loin d'être idiote, comprenait son
malheur : pour elle seule, hélas ! il n'était ni
joies ni fêtes, ni danse ni toilette ! il n'était pas
surtout, et c'était cela qui brisait le cœur
de Louison, de bons parents pour l'aimer
et l'embrasser un peu, elle si tendre et si ai-
mante !

Pendant ce temps, la marchande, en belle
humeur, profitait avec esprit de la circonstance
pour attirer de nouvelles pratiques...

—Voyez, messieurs, voyez, mesdames, le superbe lot qui vient d'être gagné !...

Mais, à l'instant où, en disant cela, elle étendait la main pour saisir le bijou et le mettre sous les yeux du public, la broche avait disparu !

‘ Ce fut un cri général de surprise et d'étonnement : on chercha de tous côtés, on remua toute la boutique, et, comme toujours en pareil cas, chacun regardait son voisin avec une sorte de défiance ; on finit enfin par être d'accord sur ce point que la broche avait été volée.

Mais quel était le voleur ? On dissertait là-dessus, chacun disait son opinion, lorsqu'une voix de petite fille, une voix perfide, celle de Jeanne, prononça le nom de Louison.

— Louison ! oh, oui, c'est cela ! c'est cela ! crièrent cent voix à la fois.

— Elle était précisément à côté du gagnant, disaient les uns ; nous l'avons vue regarder le bijou, disaient les autres... D'ailleurs, où est-elle ? disait-on encore en se retournant de tous côtés. Vous voyez, elle s'est enfuie !

— Où est-elle ? où est-elle ? il faut la trouver !

Et tous les habitants du village abandonnent

la fête pour courir dans le bois à la recherche de la pauvre jeune fille, qui était bien loin de se douter du soupçon qui venait de la flétrir, et de l'accusation d'un crime dont elle était, hélas ! bien innocente.

Pendant ce temps, M. Villiers et ses deux enfants sortaient du parc par la porte qui donnait dans la forêt et se disposaient gaiement à faire un tour de promenade dans la fête, lorsqu'un bruit singulier et inaccoutumé parvint à leurs oreilles : c'était comme un torrent d'injures et de menaces, auquel vinrent bientôt se joindre des sanglots et des cris.

M. Villiers pressa le pas, et, quand il fut arrivé au lieu où la querelle semblait avoir lieu, il vit une petite fille de onze à douze ans entourée par la foule, qui lui avait arraché un à un tous ses vêtements.

— Parleras-tu, petite voleuse ? disait la fermière Grandjean, l'accablant de mauvais traitements. Nous diras-tu où tu l'as cachée, cette broche ? Ah ! petite sournoise ! je t'avais bien jugée !

Louison, car c'était elle, pourpre de honte et

les yeux noyés de larmes, balbutiait en sanglotant ces mots entrecoupés et que l'on n'entendait qu'avec la plus grande peine :

— Je suis innocente ! je ne sais ce que vous
voulez dire.

Quand M. Villiers arriva, la petite tourna vers
lui ses grands yeux doux et suppliants. En
voyant la figure amaigrie, les membres frêles et
délicats, l'expression touchante de la pauvre
victime, M. Villiers se sentit ému de pitié, et,
s'interposant aussitôt, il commença par la soustraire aux mauvais traitements de celle qui se
disait sa mère adoptive ; il se fit ensuite expli-
quer de quoi il était question.

Alors, se tournant vers la jeune fille, il lui
dit avec douceur :

— Serait-il possible, mon enfant, que vous
fussiez coupable d'une aussi mauvaise action ?
Si cela était, je vous plaindrais bien sincèrement,
car ce triste penchant vous conduirait à de grands
malheurs, et...

Mais il ne put achever. Louison, se précipi-
tant à ses pieds et les mouillant de larmes, lui
criait avec l'accent de la vérité :

— Non, monsieur, non, je suis innocente !
Sauvez-moi ! sauvez une malheureuse orpheline
qui n'a plus de mère pour la défendre, et que
tout le monde accuse !

Il y avait dans ce cri, dans cette prière de la
jeune fille, une douleur, une plainte si vraie et
si émouvante, que M. Villiers, après l'avoir en-
visagée avec bonté, lui dit :

— Relevez-vous, mon enfant, vous n'êtes pas
coupable, je le crois, j'en suis sûr... Nous en
aurons les preuves ; car le ciel ne permettra pas
que votre innocence reste ignorée... Pour l'instant, c'est le plus pressé, je m'engage à payer
la broche perdue, et vous me suivrez chez moi,
jusqu'au jour où tout sera éclairci.

Simon et Marie, habitués à l'indulgence et
aux bonnes œuvres de leur père, avaient ap-
plaudi dans leur jeune cœur à ce nouvel acte de
bonté, et déjà ils entouraient l'enfant et la
questionnaient avec douceur, lorsque la fermière vint grossièrement réclamer ses droits
sur elle :

— Je l'ai élevée, je l'ai nourrie ; elle m'appartient... Il ferait beau voir qu'au moment où

je puis en tirer quelque parti on vint se l'approprier!...

— C'est ce que l'autorité décidera, répliqua sévèrement M. Villiers ; les mauvais traitements et le manque de soin ont influé sur la santé de la pauvre petite, et elle est trop gravement compromise pour qu'on puisse l'utiliser de longtemps. Estimez-vous heureuse, madame Grandjean, qu'on vous l'enlève sans enquête, et sans qu'il en résulte la punition que votre conduite envers elle aurait pu vous attirer... J'emmène Louison, et je me porte caution du dommage.

La fermière n'osa répliquer, car M. Villiers était si généralement estimé, que pas une voix ne s'éleva contre cette décision.

Toute la foule le suivit, ainsi que Simon et Marie, qui avaient avec eux Louison, dont les pleurs et les sanglots ne pouvaient encore se calmer.

Tout en interrogeant la marchande pour tâcher d'éclaircir le fait, M. Villiers arriva avec ses enfants devant la boutique. Aussitôt la pie placée sur le devant recommença avec son aplomb habituel l'annonce du tirage : « Venez, messieurs, venez, mesdames, » etc.

— Cette pie vous appartient? dit M. Villiers avec vivacité et comme frappé d'une idée subite.

— Oui, monsieur, reprit la marchande.

— Était-elle là lorsque vous avez posé le bijou sur le comptoir?

— Oui, oui, reprirent ensemble toutes les voix.

— Alors, dit M. Villiers, il ne faut pas chercher ailleurs le voleur.

Un sourire d'incrédulité se dessina aussitôt sur toutes les lèvres ; mais, sans s'arrêter à le combattre, M. Villiers alla droit à la cage de l'oiseau et trouva, cachée sous quelques brins de paille, la malencontreuse broche, et, la montrant avec joie à la foule un peu confuse :

— Il faut toujours se garder d'un trop prompt jugement, mes amis, leur dit-il; cela doit vous servir de leçon.

— Mais, dirent à la fois plusieurs voix, qui donc aurait pu penser à cette pie?

— Il y a cependant bien longtemps, poursuivit M. Villiers, que l'on sait que ces oiseaux aiment à cacher leur nourriture et s'emparent souvent d'autres objets, particulièrement de ceux qui ont un éclat métallique.

— Je te disais bien, moi, disait à Jeanne avec un air de triomphe la petite fille à la croix d'or, que Louison n'était ni voleuse ni idiote ; mais toi, tu es un bien mauvais cœur et tu n'auras jamais d'amie...

Cela dit, elle lui tourna le dos.

Pendant que Jeanne s'éloignait toute honteuse de se trouver prise ainsi en flagrant délit de calomnie et de méchanceté, on entourait la pauvre Louison, on l'embrassait, on lui demandait pardon, et la bonne petite fille tendait la main en souriant au milieu de ses larmes et en disant avec une touchante naïveté :

— Comment pourrais-je vous en vouloir, puisque vous savez que je suis innocente ?

Mais, lorsque Louison tournait les yeux vers le digne homme qui l'avait défendue, il y avait sur son jeune visage tant de reconnaissance et de tendresse, qu'il était impossible de n'en pas être touché.

Dès le lendemain, l'on s'occupa dans cette bonne famille de faire un trousseau pour la jeune orpheline, et, pendant une quinzaine de jours, elle partagea les jeux de Marie et Simon; une fois la santé de Louison rétablie complétement, elle fut, par les soins de M. Villiers, placée dans une honnête et modeste pension, malgré les récriminations de Marceline Grandjean et les menaces qu'elle faisait entendre de sa plus grosse voix. Cette fois Louison ne tremblait plus. Elle avait un défenseur.

La jeune fille devint bientôt une charmante enfant, gaie comme on l'est à son âge, aimant l'étude avec passion et tendrement attachée à toute la bonne famille qui l'avait sauvée de la honte et du malheur.

Elle partage avec Marie les soins de la volière toutes les fois qu'une vacance de quelques jours la ramène auprès d'elle; car Louison, enfant de la ferme et des bois, a gardé un goût passionné pour les oiseaux; mais c'est surtout pour les pies qu'elle a le plus de sollicitude.

— C'est pourtant à cet oiseau babillard et voleur que je dois mon bonheur actuel! disait-

17.

elle souvent; aussi je veux oublier tous ses défauts et ne me souvenir que du service qu'il m'a rendu.

CHAPITRE XIII

LA PIE-GRIÈCHE, L'INDICATEUR, LE MESSAGER, LE BOUVREUIL, LE CHARDONNERET, L'ORTOLAN, L'AGAMI, LE COUCOU.

n jour que Louison venait exprimer de nouveau son affection pour la pie :

— Père, dit Simon, où se trouvent donc ces oiseaux à l'état sauvage?

— A peu près partout, répondit M. Villiers. Comme le corbeau, la pie niche dans les arbres, quelquefois sur les hauts édifices. Son nid est fait à l'extérieur de terre et de bûchettes, au dedans il est tapissé de racines et de végétaux. Elle est intelligente, mais querelleuse, défiante, audacieuse. Elle détruit souvent beaucoup de petits oiseaux dans le nid, leur brise la cervelle et les mange sans pitié.

Les pies sont très-rusées pour cacher leurs petits : pour tromper les yeux qui auraient pu surprendre leur cachette, elles établissent des nids postiches au nombre de trois ou quatre, y travaillant avec ardeur lorsqu'elles pensent que l'on peut les apercevoir ; alors elles voltigent autour des arbres et poussent des cris d'inquiétude et de détresse pour dérouter l'ennemi ; car, tout en faisant ces démonstrations auprès de ces nids trompeurs, elles avancent en silence et dans le plus grand mystère celui qui est destiné à recevoir leurs œufs, le construisant sournoisement durant les premières heures du jour et vers le soir. Si parfois quelque indiscret vient les y surprendre, aussitôt elles revolent sans bruit vers un autre nid, se remettant à l'œuvre et montrant toujours le même embarras, la même inquiétude, afin de détourner l'attention de ce côté et de déjouer la poursuite.

Quoique la pie à l'état sauvage soit excessivement défiante, c'est un des oiseaux le plus faciles à apprivoiser. Elle apprend à parler mieux encore que le corbeau; le pain, la viande crue et tous les débris de la table sont tout à fait de son goût, et elle ne mange plus que par friandise les vers et les insectes qu'elle rencontre. Il y a des pies si bien apprivoisées, qu'elles suivent leur maître partout et se frottent autour de lui, ainsi que le font les chats, jusqu'à ce qu'elles en obtiennent une caresse.

Il est un autre oiseau que l'on nomme pie de mer, parce que son plumage est noir et blanc. Cependant il ressemble plus au canard qu'à la pie. Ses pieds sont d'un beau rouge vif. Il vit sur les bords de la mer et suit constamment le cours de l'eau, où il trouve les vers et les mollusques dont il fait sa nourriture. A l'aide de son bec, il entr'ouvre les huîtres de force et les arrache de leur demeure avec une habileté et une adresse remarquables. Aussi le nomme-t-on l'*huîtrier*. Cet oiseau pêcheur niche dans les marais.

On connaît encore les pies-grièches. Ce sont des oiseaux courageux, mais querelleurs et cruels. Ils vont à la chasse des mulots, des souris et des petits oiseaux, dont ils mangent la cervelle. Ils savent défendre leur nid même contre le corbeau et parviennent souvent à le mettre en fuite. Pendant le printemps, ils établissent leur demeure dans les bois; mais, vers l'été, ils redescendent dans les plaines et les vergers. Les pies-grièches vivent en famille et volent inégalement en jetant des cris aigus; la plus commune en Europe est la pie-grièche rousse, son plumage est gris marqué de taches et de bandes noires et blanches. Elle est très-remarquable par la singulière faculté qu'elle possède d'imiter à l'instant même le chant des autres oiseaux : par exemple, celui du geai, de la pie, le sifflement du merle, le chant de la linotte, etc. C'est ordinairement pour dérouter le chasseur et comme pour se moquer de lui qu'elle imite le cri des autres oiseaux. Son goût pour les gros insectes est très-prononcé. Lorsque sa bonne fortune lui fait rencontrer ces sortes de hannetons noirs qui vivent dans l'ordure et que l'on nomme géotrupes, elle commence par en satisfaire son appétit, puis elle les emporte tous les uns après les autres sur un buisson de prunellier; là, elle les fixe aux épines en les enfilant par le milieu du corps, de même qu'un naturaliste prépare un insecte avec des épingles.

De temps à autre la pie-grièche revient visiter son garde-manger, jusqu'à ce que toutes les provisions en soient épuisées; alors elle se met à chasser de nouveau.

— Ainsi, père, dit Marie, on peut ranger la pie-grièche parmi les oiseaux chasseurs?

— Et au nombre des plus intrépides. Comme je te l'ai annoncé dans nos premiers entretiens sur cette science des oiseaux que nos savants nomment ornithologie, tu vois que nous retrouvons dans chaque espèce divers goûts, diverses aptitudes.

Si nous voulons passer les mers, nous trouverons en Afrique un oiseau que l'on nomme l'indicateur; il est de la grosseur d'un petit merle et fait sa nourriture de miel; sans cesse à la chasse des abeilles qui ont établi leur ruche dans les troncs d'arbres, il arrive très-souvent que l'ouverture de la ruche est si étroite, qu'il ne peut y pénétrer, car les pauvres petits travailleurs redoutent beaucoup cet ennemi. Que fait alors notre petit rusé? Il se met à la recherche d'un chasseur d'abeilles, ce qui ne manque pas en Afrique; il l'avertit, par un cri d'appel particulier, qu'il a découvert une ruche; puis il l'y conduit en voltigeant d'un arbre à un autre, répétant toujours le même cri pour tenir en haleine l'attention du chasseur. C'est souvent à une lieue de là qu'il le conduit jusqu'au pied de l'arbre. Le chasseur hottentot grimpe aussitôt sur l'arbre, s'empare du miel, tandis que l'oiseau, perché sur une branche voisine, attend le moment où l'homme reconnaissant ne manque jamais de déposer sur une pierre au pied de l'arbre un gâteau du miel qu'il a récolté. L'indicateur vient aussitôt prendre sa part de la chasse. Quoique cet oiseau soit pourvu d'une peau tellement dure qu'elle résiste à l'aiguillon des abeilles, cette chasse n'est pas cependant sans danger pour lui. Quelquefois celles-ci, furieuses, se précipitent en grand nombre sur leur ennemi, lui crèvent les deux yeux et parviennent quelquefois à le tuer.

— Oh! que tout cela est donc curieux, mon bon père, dit Marie, et que j'étais loin de soupçonner tout l'intérêt qui s'attache à ces petits êtres qui ne nous apparaissent tout d'abord que comme un objet d'amusement et de récréation!

— Puisque nous avons franchi les mers pour chercher des oiseaux étrangers, mes enfants, nous trouverons encore en Afrique, le *messager*; c'est un oiseau qui ressemble assez à l'aigle par la tête, avec un corps de cigogne; il ne perche pas; aussi habite-t-il les plaines arides et découvertes du cap de Bonne-Espérance; monté sur deux longues pattes, il a de très-remarquable un paquet de plumes, en forme de crinière, qui retombent en arrière et qui ressemblent singulièrement à celles que les écrivains d'autrefois avaient l'habitude de se ficher derrière l'oreille après et avant de s'en servir; ce qui lui a fait donner le nom de secrétaire, par lequel le messager est aussi très-souvent désigné.

Cet oiseau se nourrit de serpents et autres reptiles; aussi la nature lui a-t-elle accordé plus de faculté pour la marche que pour le vol; il court à grands pas de côté et d'autre, étendant les ailes, volant et marchant tout à la fois. Lorsqu'il aperçoit un reptile, il l'attaque en lui donnant de vigoureux coups d'ailes jusqu'à ce qu'il tombe étourdi et sans défense; l'oiseau lui brise alors le crâne avec son bec, le dépèce et l'avale ordinairement tout entier.

Le mâle et la femelle construisent leur nid, ainsi que l'aigle, en forme d'aire; c'est ordinairement le plus épais buisson des environs qu'ils choisissent, et ils y reviennent chaque année. Les petits ne parviennent à se tenir sur leurs jambes longues et frêles qu'à l'âge de quatre à cinq mois.

Les secrétaires ou messagers se laissent difficilement approcher; ils préfèrent, pour fuir, la course au vol, ils font des sauts de huit à neuf pieds de hauteur, et leurs pas sont d'une grandeur démesurée; c'est à cette qualité que cet oiseau doit son nom de messager.

D'un naturel doux et gai, lorsqu'il est pris

au nid, il s'apprivoise sans peine et s'habitue avec les oiseaux de basse-cour, pourvu qu'on ait le soin de le nourrir suffisamment de viande, car, autrement, il attaque les poulets et les jeunes canards.

Au cap de Bonne-Espérance, on l'élève pour l'utilité : il maintient la paix parmi la volaille, fait la chasse aux serpents, aux rats, aux crapauds et aux lézards. De même que le messager, l'agami, ou oiseau-trompette, de l'Amérique méridionale, s'utilise dans les basses-cours. Il porte à son maître un attachement extrême, veille à la porte du logis, et la nuit, lorsqu'il croit entendre des malfaiteurs, il avertit de sa voix sourde et profonde, ressemblant assez à une trompette. Il conduit aux champs les oiseaux de basse-cour, les rallie, veille sur eux, les ramène, absolument comme le ferait un chien de berger avec les moutons.

En cet instant, Simon interrompit M. Villiers :

— J'aime beaucoup l'histoire de ces grands oiseaux, lui dit-il, mais je trouve encore plus d'intérêt dans l'histoire des petits.

— C'est sans doute, reprit M. Villiers, que leur

faiblesse t'inspire pour eux un sentiment de tendresse et de protection, et puis il faut ajouter à cela que tu les connais davantage ; en effet, dans toutes les volières on rencontre une grande partie des petits oiseaux dont nous avons parlé, et beaucoup d'autres encore.

— Père, tu ne nous as rien dit du chardonneret, qui est un si joli oiseau.

— Il est facile de réparer cet oubli, mon ami, et je connais si bien l'inconstance de votre âge, que, pour vous intéresser davantage, j'ai varié quelquefois l'histoire de mes petits héros aux ailes d'argent et de pourpre, mêlant l'oiseau de volière à l'oiseau des champs, et tâchant d'interrompre parfois la série de ceux dont les mœurs ne diffèrent que fort peu.

On a donné à ces oiseaux le nom de chardonnerets parce que, lorsque la terre est couverte de neige, ils se réunissent en grandes troupes sur les chardons, dont ils aiment beaucoup les graines. C'est un des plus jolis oiseaux de la France, vous le connaissez. Il est rouge sur la tête avec du blanc sur les joues, et ses ailes ont de belles plumes jaunes et dorées. Il vient, au

On a donné à ces oiseaux le nom de Chardonneret parceque lorsque la terre est couverte de neige, ils se rassemblent en grandes troupes sur les chardons, dont ils aiment beaucoup les graines.

printemps, faire son nid sur les arbres fruitiers de nos jardins et de nos vergers. Son nid est placé contre le tronc de l'arbre, à l'enfourchure d'une branche, et il a le soin de le recouvrir à l'extérieur d'une couche de mousse de la couleur de l'écorce, ce qui le cache à tous les yeux.

Ce charmant petit oiseau vit très-bien en cage, et il a absolument les mêmes mœurs que la linotte; les petits qu'ils ont en cage avec les serins forment des variétés que l'on nomme métis, et qui varient fort agréablement du jaune vif au rouge et au noir.

Le bouvreuil, que quelques personnes confondent avec le chardonneret, parce qu'il est rouge en dessous et cendré et noir en dessus, vit aussi très-bien en cage; il apprend même à parler, mais il est moins gai, moins vif que le chardonneret; à l'état sauvage, il n'habite guère que les grandes forêts où il établit son nid. Son chant alors est doux, même un peu mélancolique. Il est considéré comme un fléau par les habitants voisins des endroits qu'il recherche, parce que, lorsque les pruniers ont leurs fleurs, il ne manque jamais de les couper toutes pour manger l'ovaire qu'elles renferment.

Je vous ai fait voir, mes chers enfants, parmi ces petits oiseaux d'incroyables industries, chacune en son genre différent, pour bâtir et consolider leurs nids, les uns n'épargnant ni peines ni recherches et courant souvent à une lieue de là pour trouver les matériaux convenables à la construction de ces nids, et revenant avec le mortier nécessaire; d'autres rapportant dans leur bec des lambeaux de laine, de fil et de coton, et venant à bout de réunir tout cela à des feuilles en les cousant ensemble.

Mais, s'il est parmi ces petits habitants des airs des êtres pleins de courage et d'industrie, il en est aussi, comme parmi nous, de paresseux qui comptent tranquillement sur la peine des autres et profitent de leur labeur et de leur courage. Je veux parler d'un oiseau que l'on nomme coucou, et qui doit son nom à ce mot *cou, cou*, qu'il prononce toujours et qui semble plutôt une sorte de roucoulement qu'un véritable chant. Cet oiseau est de la grosseur d'un petit pigeon, il vit seul. Le paresseux ne construit jamais de nid, et laisse à un autre le soin de couver ses œufs, de les faire éclore et d'élever les petits. C'est en cachette et furtivement que la femelle introduit, en le tenant dans son bec, l'œuf qu'elle va déposer en son absence soit dans le nid d'une fauvette, soit dans celui d'un merle, d'un rouge-gorge, etc.

Ce qu'il y a de très-singulier, c'est que ces petits oiseaux, trompés par leur amour maternel, se mettent aussitôt à couver avec ardeur cet enfant du hasard, partageant, aussitôt son arrivée en ce monde, tous leurs soins entre lui et leurs propres enfants, sans que la moindre différence s'établisse entre eux.

Mais, si la pauvre mère a pour ce fils adoptif une véritable tendresse, le petit coucou, loin de la partager et de reconnaître ses soins, paye tout cet amour par la plus noire ingratitude, et traite en ennemis véritables les frères dont il a usurpé la place; à peine est-il éclos qu'il emploie ses forces naissantes à les expulser tous. Pour cela, il se glisse sous l'un d'eux, le place sur son dos, où il le retient en écartant les ailes, et, se traînant à reculons jusqu'au bord du nid, il le pousse et le jette par-dessus, puis il recommence les mêmes manœuvres jusqu'à ce qu'il les ait tous précipités. Cependant il arrive quelquefois, mais cela est très-rare et dépend de la quantité de nourriture que peut fournir la pauvre mère, il arrive aussi qu'en voyant de jour en jour grandir le petit coucou, effrayée de son air farouche, la pauvre fauvette recule devant l'énorme bec ouvert qu'il lui présente et dans lequel elle paraît prête à disparaître, et renonce à le nourrir, épuisée qu'elle se trouve de recherches de nourriture et de soins.

Pendant ce temps, les parents du petit coucou restent dans le voisinage, et, lorsque leur petit est assez fort pour voler, il quitte sa mère adoptive et va rejoindre sa véritable famille, qui se charge de terminer son éducation.

La femelle du coucou pond ordinairement trois œufs, qui ne sont guère plus gros que ceux des fauvettes, mais elle n'en dépose qu'un seul dans chacun des nids qu'elle choisit pour les faire nourrir.

— Oh! les vilains oiseaux! dit Marie, les mauvais parents!

— Qu'il en vienne maintenant dans le bois! ajouta Simon en façon de menace.

— Peut-être, ajouta M. Villiers, la nature a-t-elle sur ce chapitre un mystère que nous ne pouvons pénétrer, et ces oiseaux, qui n'ont toujours qu'une portion d'instinct et de raisonnement, suivent-ils l'indication qu'elle leur donne.

— Oh! c'est égal, une mauvaise mère, c'est une monstruosité, maman le dit toujours.

— Et elle a raison, mes chers enfants; aussi le coucou est-il un oiseau qui vit presque toujours seul, tristement, et qui n'offre pas d'intérêt.

— Quelle différence avec l'alouette! dit Simon, si vive, si gaie, si courageuse pour nourrir ses petits!

— Certainement, mes amis, ce n'est pas sans plaisir qu'on la voit dans les prairies s'élever d'un vol perpendiculaire et célébrer par ses chants joyeux le bonheur de son existence; sa musique cadencée s'entend longtemps encore après que l'on a cessé d'apercevoir le frêle oiseau. Après être restée pendant quelque temps stationnaire à une certaine hauteur, elle redescend tout à coup avec rapidité et se laisse retomber auprès de sa jeune famille, qu'elle a su mettre à l'abri de l'œil des curieux au milieu des hautes herbes, et sous le dôme pittoresque des bluets et des nielles des prés; son nid, placé dans un creux de sillon, entre quelques mottes de terre, est formé de brins de paille qu'entourent des feuilles sèches. Ces oiseaux se perchent rarement, la conformation de leurs ongles ne le leur permettant pas; aussi se tiennent-ils presque toujours à terre. Les petits oiseaux de proie en font une destruction d'autant plus grande, que les imprudents petits chanteurs semblent appeler l'ennemi par leurs mélodieux accents.

Malgré sa gentillesse et sa gaieté, à l'état libre, l'alouette finit presque toujours d'une façon tragique, et, lorsqu'elle échappe à l'oiseau de proie, rarement elle parvient à se sauver du miroir ou du fusil du chasseur.

L'ortolan n'a pas un meilleur sort, malgré

son joli plumage brun et jaune; il ne doit la célébrité dont il jouit qu'à l'excellence de sa chair. Cet oiseau est de la taille d'un gros moineau, il fait son nid dans les haies et les buissons. En automne, on le prend au filet, on le nourrit abondamment avec du millet bouilli dans du lait, et on le met dans une grande volière. Là, en peu de jours, il s'engraisse tellement, qu'il meurt de gras fondu. Chaque matin on ramasse dans la volière ceux qui sont tombés, on les plume, on les pare, on les met en rang dans de petites boîtes de sapin, et on les expédie pour Paris, où il ne manque pas d'amateurs pour les acheter.

— C'est comme la perdrix, n'est-ce pas, père? elle est aussi fort estimée des chasseurs.

— C'est une des pièces de gibier le plus estimées; ce pauvre oiseau mériterait cependant plus d'intérêt de notre part. La perdrix se nourrit d'insectes, de vers et de graines, et de préférence elle habite les champs découverts. Elle fait son nid ordinairement dans les blés et les luzernes; ce sont des herbes sèches placées sans art sur la terre nue et légèrement creusée; elle y dépose quelquefois jusqu'à douze œufs, qu'elle couve avec beaucoup de soin. Sitôt que les petits sont éclos, elle les emmène avec elle, leur apprend à chercher leur nourriture et ne retourne jamais dans le nid; le mâle, qui a veillé autour d'eux jusqu'à ce que les œufs soient éclos, partage tendrement avec la femelle les soins qu'elle leur donne, et vous allez voir, mes enfants, les ruses que peut leur inspirer leur amour pour leurs petits!

Si un chasseur et son chien viennent à les rencontrer, aussitôt le mâle pousse des cris, fait semblant d'être blessé, et court en boitillant, traînant les ailes devant le chien pour l'engager à le poursuivre. Celui-ci, trompé par cette ruse et se croyant toujours prêt à l'atteindre, le suit avec acharnement; le mâle l'entraîne ainsi fort loin, et toujours du côté opposé à celui que prend la femelle avec ses petits; puis, tout d'un coup, il prend son vol si rapidement, qu'il disparaît aux yeux du chien, tout stupéfait d'avoir été pris pour dupe!

CHAPITRE XIV

DERNIÈRE VISITE A GUILLAUME.
UNE SURPRISE. — LA COLLECTION D'OISEAUX PRÉPARÉS.
LES OISEAUX-MOUCHES. — LE COLIBRI.
L'OISEAU DE PARADIS

a fête du village de Valvins avait duré quinze jours. Enfin tout avait disparu : marionnettes, loteries et mirlitons ; la forêt avait re_ pris son silence accoutumé.

et les petits hôtes des bois toute leur sécurité. Depuis quelques jours, Simon et Marie insistaient auprès de leur père pour rendre visite à Guillaume; mais M. Villiers, qui savait que cette époque de la fête apportait au garde vigilant un supplément de travail et de surveillance, avait jusque-là résisté à leur prière. La petite Louison, qui avait profité de toutes les joies de la fête, venait de partir en pension, et cette séparation d'une nouvelle, mais bien douce compagne, n'avait pas laissé sans regrets la petite famille. Aussi on peut juger de la joie du frère et de la sœur lorsqu'on leur annonça que l'on se mettait en route pour la visite tant désirée. On prit le plus long chemin, c'est-à-dire à travers les champs. Lorsque, dans le premier élan de liberté, ils eurent arpenté la plaine en tous sens, cueilli des épis de blé, quand ils furent bien fatigués de lutter à la course avec les écureuils, ils revinrent heureux auprès de leur père, dont l'instruction sans pédantisme se prêtait à toutes leurs naïves questions, à toutes leurs simples observations.

Ils n'étaient pas à la moitié du chemin lorsqu'ils se trouvèrent vis-à-vis de Joseph, le garde champêtre.

— Ah! bonjour, monsieur Villiers et vot' compagnie, dit-il en ôtant respectueusement sa casquette et saluant en même temps les deux enfants, vous allez chez Guillaume?

— Oui, Joseph; oui, nous allons rendre visite à ce brave homme.

— Oh! vous allez le trouver dans une grande joie!

— Et que lui est-il donc arrivé de si heureux? ajouta M. Villiers.

— Oh! pas grand' chose : pour tout autre, ça ne vaudrait pas la peine d'en parler; mais, pour lui, c'est différent. Un de ses vieux amis, qui a fait le tour du monde et qui connaît son goût d'enfant pour les oiseaux, vient de lui en envoyer de tous les pays, empaillés, ça va sans dire, mais si reluisants, si bien conservés, qu'on dirait qu'ils vont chanter! Oh! il y en a de bien curieux! Tout cela est arrivé, sans malheur, dans une caisse grande presque comme ma chambre; et pas un denier à payer!... C'est tout de même un joli cadeau!

— Il n'est pas étonnant que Guillaume ait de vrais amis, il le mérite; et, pour ma part, je fais grand cas de son instruction naturelle et de son esprit simple, mais observateur, et d'une droiture et d'une justesse peu communes.

— Allons, au revoir, monsieur Villiers ! Je suis sûr que Guillaume va se trouver bien heureux de votre visite.

Ce fut donc en sautant de joie que les enfants arrivèrent chez le garde; celui-ci, de son côté, en voyant entrer la famille, parut en éprouver un véritable plaisir.

— Oh! que vous arrivez bien à propos, not' maître ! dit-il en rougissant de surprise; et, passant le premier : Venez, monsieur Simon; venez, mademoiselle Marie; que je suis content de vous voir ! Tenez, regardez les beaux échantillons que je viens de recevoir !

Simon et Marie se trouvèrent en face d'une grande quantité de jolis oiseaux étrangers, étincelants de couleurs métalliques, comme tous ceux du Brésil, du Sénégal et des pays chauds en général; car, sous ce soleil brûlant, fleurs, insectes, oiseaux et papillons, se colorent des couleurs les plus vives et du plus brillant éclat.

En voyant l'admiration des deux enfants se

peindre sur leurs traits, le bon Guillaume, heureux de ce plaisir qu'il leur procurait, faisait l'énumération de chaque oiseau en y ajoutant le plus souvent une foule de particularités et de détails, avec un aplomb et un sérieux que n'eût pas démentis le directeur d'une ménagerie ambulante.

A côté de l'oiseau-mouche et de plusieurs espèces de colibris se trouvaient, menaçants et terribles, quelques rares oiseaux de proie, les ailes déployées, la fureur et l'audace dans les yeux, tels que l'aigle, le vautour, le milan, etc.

— Oh! je déteste ceux-ci, dit Marie en examinant avec une sorte de terreur le bec et les serres de ces formidables oiseaux.

— Vous avez raison, mademoiselle Marie, tous ces oiseaux de proie ont des mœurs sauvages, propres à attrister de jeunes imaginations, et le récit de leurs crimes ne saurait trouver place au milieu de ces petits êtres si candides et si doux, dont je me suis plu quelquefois à vous entretenir....

— J'aime bien mieux celui-ci, reprit vivement Marie en interrompant subitement le

garde-chasse et en désignant du doigt un charmant oiseau jaune comme de l'or, avec la gorge
du plus beau noir et une longue queue, tout
cela si brillant, si velouté, qu'il était ravissant
à voir.

— Ah! dit M. Villiers en l'examinant à son
tour, c'est le *Toucnam-Courvi*; il est des îles
Philippines, et cette boule que vous voyez, et
que l'on a eu soin de suspendre ainsi qu'il l'attache lui-même sur une branche de cotonnier
sauvage, est son nid, fait avec beaucoup d'art,
comme vous en pouvez juger. En dessous, re-
marquez ce trou vertical : il communique par
le côté dans l'intérieur, et c'est dans cette
cavité que se trouvent les petits.

Une autre espéce du même genre, mais que
vous n'avez pas ici, mon cher Guillaume, est le
petit républicain d'Afrique.... Tu ris, Simon,
cela t'étonne, car, jusque-là, je t'ai présenté,
parmi ce peuple ailé, des industriels, des musiciens, des pêcheurs et des chasseurs, mais je
ne t'avais jamais parlé de leurs opinions poli-
tiques.... Eh bien, oui, mon cher Simon, celui-
là est républicain. Ces petits oiseaux, d'un brun

olive sur la tête, avec les ailes brunes, se réunissent au nombre de plus de cinquante couples
et vivent en communauté, sans jamais se quitter. Plus sages que les hommes, ils n'ont
entre eux ni disputes ni querelles. Au milieu
d'un buisson de cotonnier sauvage, ils construisent une grosse boule comme celle de moindre
dimension que vous voyez à côté du *Toucnam-
Courvi*; cette boule, faite du coton le plus fin,
est percée d'un trou qui donne entrée dans plusieurs galeries. Dans ces galeries sont autant
de petites cellules où chaque couple établit son
nid. Les oiseaux d'une autre espèce ne pénè-
trent jamais dans cette petite république; et, si
la ville est attaquée par un oiseau de proie,
tous les républicains se réunissent pour la défendre courageusement. Il y a toujours quelques
victimes dans ces sortes de batailles; mais, à
force de harceler leur ennemi, ils finissent
presque toujours par le mettre en fuite. Les
collious ont aussi à peu près les mêmes habitudes que les républicains; comme eux, ils rapprochent leurs nids dans le même buisson ; ils
se nourrissent de fruits et grimpent aux arbres

à la façon des perroquets, en s'aidant de leur bec, de leurs pattes et de leur longue queue. Pour dormir, ils se pressent tous les uns contre les autres, et, chose singulière, ils se suspendent la tête en bas à une branche d'arbre, comme les chauves-souris.

— Oh! monsieur Guillaume! exclama tout à coup Marie, quel est donc cet oiseau tout noir, dont l'aspect a quelque chose de sinistre?

— C'est, en effet, un oiseau fort singulier et auquel chaque peuple a donné un nom différent. On l'appelle sorcier, pétrel de tempête, oiseau du diable, etc. Les pétrels sont des oiseaux de nuit : leurs pieds sont palmés comme ceux du canard, ils ne cherchent leur nourriture que pendant le crépuscule du soir et du matin, et se nourrissent de mollusques et de vers qui flottent à la surface des eaux. La nuit, ils se retirent dans le creux des rochers. Le pétrel a une telle puissance dans les ailes, qu'il peut parcourir l'Océan à toute distance du rivage et se promener sur les vagues avec autant d'aisance qu'un moineau sauterait dans les allées d'un jardin. C'est quelque chose de bien surprenant que de voir ces

petits oiseaux courant sur les flots, descendant
au fond des précipices et montant jusqu'au
sommet des plus fortes vagues, prêtes à les
engloutir, balayant la surface de la mer comme
celle d'une vallée paisible, et faisant quelquefois sur les vagues en fureur des sauts de plusieurs mètres.

Mais le plus curieux phénomène de cet oiseau
des tempêtes, c'est la faculté qu'il possède de
se tenir debout et de courir ainsi avec facilité
sur la surface de l'eau ; c'est pour cela que les
marins l'appellent Petit-Pierre. Si l'on jette à
bord d'un vaisseau quelque matière grasse, à
l'instant on les voit se réunir alentour, comme
sur un terrain solide, faisant face au vent avec
leurs grandes ailes étendues et battant l'eau de
leurs pattes. Revêtus d'un plumage sombre, pa-
raissant ordinairement en plus grand nombre
avant ou après la tempête, ils ont longtemps
été regardés par les matelots ignorants et super-
stitieux comme des porteurs de sinistres pré-
sages. Cet oiseau est farouche et ne s'apprivoise
jamais : d'ailleurs, il exhale une odeur de
poisson tellement désagréable, qu'elle ôterait

promptement le désir de faire des expériences nouvelles à ce sujet.

— Voici un oiseau bien intéressant, monsieur Guillaume, que ce pétrel! dit Simon ; en le voyant, je crois entendre gronder les vagues et souffler la tempête.

— Oui, monsieur Simon, reprit Guillaume ; mais, à côté de cela, en voici qui rappellent le beau soleil et le ciel bleu des pays chauds ! Voici d'abord un magnifique assortiment de colibris aussi brillants, aussi riches de couleurs chatoyantes que les pierres précieuses les plus éclatantes. Voici le topaze, le saphir, l'émeraude, le rubis, les plus jolies espèces ; ils ont tous pris leurs noms des pierres précieuses dont ils reflètent les brillantes couleurs. Ces jolis oiseaux font l'admiration des Européens par leur petite taille, la richesse de leurs couleurs et l'innocence de leurs mœurs ; leur langue est longue et extensible comme la trompe d'un papillon ; c'est en l'enfonçant dans le calice des fleurs qu'ils en puisent le nectar dont ils se nourrissent. Regardez ceux-ci, monsieur Simon : leur plumage à couleurs métalliques est paré

Voici le Topaze, le Saphir, l'Emeraude, le Rubis les plus jolies espèces, et ayant tous pris leur nom des pierres précieuses dont ils reflettent les couleurs brillantes.

d'écailles qui rivalisent d'éclat avec l'or et le velours. Ces charmants oiseaux voltigent autour des fleurs en bourdonnant et se balancent dans l'air comme de certaines mouches, ou plutôt comme le papillon connu sous le nom de sphinx-bourdon.

L'oiseau-mouche fait le plus souvent son nid sur la bignonne, ou jasmin de Virginie, et ses grandes fleurs en tubes du plus beau rouge donnent asile à des milliers de ces jolis oiseaux. Quelquefois aussi ce nid délicat se trouve placé sur une feuille d'oranger roulée en cornet. « Ce petit oiseau est le chef-d'œuvre de la nature, dit M. de Buffon : légèreté, rapidité, prestesse, grâce et riche parure, tout appartient à ce petit favori; l'émeraude, le rubis, la topaze, brillent sur ses habits : il ne les souille jamais de la poussière de la terre, et, dans sa vie tout aérienne, on le voit à peine toucher le gazon par instants; il est toujours en l'air, volant de fleurs en fleurs, il en a la fraîcheur et l'éclat ; son vol est continu, bourdonnant, rapide ; le battement des ailes est si vif, que l'oiseau, s'arrêtant dans les airs, paraît complétement immobile; il visite toutes les fleurs, plonge sa petite langue dans leur calice sans jamais se fixer. »

Il habite l'Amérique méridionale, et sa grosseur, ainsi que vous pouvez le voir, ne dépasse pas celle du hanneton. Il a les mœurs du colibri ; son vol est le même, et la seule différence qui existe entre eux, c'est que l'oiseau-mouche a le bec tout droit, tandis que le colibri a le bec légèrement arqué. Dans l'Inde et dans l'Afrique, on trouve de petits oiseaux presque semblables qui vivent, comme ces derniers, de petits insectes et de fleurs dont ils pompent le miel ; ce qui leur a fait donner le nom de *soui manga*.

— Oh ! mais quel est celui-ci avec ses flancs garnis de panaches jaunes ? le joli oiseau, avec son col d'or et sa gorge d'un beau vert émeraude ! s'écria Marie avec enthousiasme.

— Vous ne le connaissez pas encore, mademoiselle ? Patience ! dans quelques années, lorsqu'un peu de coquetterie et d'amour de la toilette vous occuperont davantage, vous saurez que ce bel oiseau de paradis peut servir à tout autre chose qu'à occuper une place au cabinet d'histoire naturelle, et que la parure qu'il porte à ses flancs est une des plus précieuses et des plus recherchées pour le plus grand luxe de toilette des dames.

Cet oiseau habite toutes les îles de la Nouvelle-Guinée et les îles voisines. Le plus anciennement connu est celui que vous avez sous les yeux : c'est le *paradis* émeraude; il est gros comme une grive, ainsi que vous le voyez; le dessus de sa tête est marron, le cou jaune d'or, le tour du bec et la gorge d'un beau vert à reflet. Il en est d'entièrement jaunes. On en voit souvent sur les coiffures ou les chapeaux des dames, mais c'est toujours une fantaisie d'un grand prix.

On n'a rien de certain sur les mœurs de ces beaux oiseaux. Aussi a-t-on fait sur eux plusieurs contes ridicules et que notre histoire moderne a démentis complétement. D'abord on a cru longtemps en Europe que cet oiseau n'avait pas de pieds, parce que les sauvages qui nous les envoient leur coupent les pieds en les faisant dessécher; on racontait qu'ils se soutenaient constamment dans l'air sans jamais se poser sur les arbres ou sur la terre, et que, par conséquent, ils ne se nourrissaient que de la rosée du ciel ; de là, leur nom d'oiseau de paradis.

Le temps a fait justice de ces absurdités...

— Oh ! en voici un dont la tournure est moins élégante ; il ressemble à une grosse oie avec un long cou, dit Simon en s'approchant avec surprise d'un groupe de grands oiseaux qui, jusque-là, s'était trouvé caché à ses yeux par un angle de la pièce.

— Celui que vous désignez est une cigogne, répondit le garde en lui faisant remarquer son long bec rouge, ses pieds de la même couleur et son plumage blanc avec les ailes noires. Si les oiseaux de proie inspirent une sorte de répulsion par la pensée des victimes qu'ils font chaque jour, poursuivit Guillaume, la cigogne, au contraire, est regardée comme un oiseau d'heureux présage, parce que, loin d'être nuisible, elle est utile aux hommes. En Hollande et en Belgique, les habitants lui préparent des nids en briques qu'ils placent en haut des cheminées en forme de petites tours, afin qu'elle vienne y déposer ses petits. La vénération que l'on a pour elle est bien fondée, car elle détruit les serpents, les crapauds, et généralement tous les reptiles, qui font sa principale nourriture.

Cet autre est l'eider, poursuivit Guillaume en s'arrêtant subitement devant un grand oiseau dont les couleurs étaient mêlées de noir et de blanc; il ressemble à un canard, quoique M. de Buffon l'ait classé dans la famille des oies. En le voyant, on se sent frissonner, et l'on pourrait se croire dans les régions glacées du pôle qu'il ne quitte jamais. Son duvet est l'objet d'un commerce productif, et il apporte la richesse dans les contrées arides qu'il favorise de sa présence.

L'eider fait son nid sur les rivages des terres situées sous le pôle, en Islande, en Laponie, au Spitzberg; il se montre aussi au nord du continent américain, dans le pays des Esquimaux, au Canada; quelquefois il descend jusque sur les côtes d'Écosse et de la Suède.

Ces oiseaux, qui se nourrissent de coquillages, d'insectes et de plantes marines, arrivent en troupes nombreuses à l'époque de la ponte des œufs, et s'abattent sur les rivages, sur les caps et les rochers qui avoisinent la mer; c'est à l'abri, au milieu de quelques pierres de rochers et cachés dans l'herbe et les fougères, qu'ils préparent un nid auquel le mâle et la femelle travaillent de concert; celle-ci l'achève en recouvrant le fond et les bords avec le plus fin duvet qu'elle arrache de sa poitrine et de ses ailes et qu'elle entasse en abondance jusqu'à ce qu'il soit devenu à son gré assez moelleux, assez délicat.

Mais un malheur que la bonne mère n'a pas prévu, c'est qu'il arrive qu'elle retrouve souvent le nid vide et dégarni de toute espèce de duvet. Non que l'homme ait enlevé ses œufs pour se nourrir, ils ne sont plus bons à manger ayant été couvés, mais pour forcer une seconde fois le pauvre oiseau à se dépouiller d'un duvet plus fin et plus précieux; c'est cette plume si légère que vous connaissez sous le nom d'édredon. Une fois le second nid construit, l'homme vient encore ravir les œufs et le duvet.

La pauvre mère ne se décourage pas : une troisième fois elle recommence son nid ; mais, hélas ! elle n'a plus rien dont elle puisse se dépouiller. Alors le mâle vient à son tour ; l'on s'en aperçoit à la blancheur du duvet et à sa qualité, qui est très-inférieure à celle de la femelle. Cette dernière fois, on ne dérange plus la couveuse, qui ne reparaîtrait plus à la saison suivante et priverait l'homme d'une récolte sur laquelle il compte chaque année.

Quand la troisième couvée est terminée, les petits et la mère disparaissent tout à coup, et il n'est pas rare à cette époque de rencontrer près des rivages des troupes de petits eiders que la femelle surveille sur les vagues, ainsi qu'une poule le fait dans un champ.

La chasse à l'eider n'est pas toujours sans dangers. Dans les contrées de glaces, il est très-difficile d'aller à la recherche de ces nids, placés quelquefois sur les pentes les plus glissantes et suspendus au milieu des mers. Des chasseurs, armés de crochets en fer, viennent risquer leur vie pour vendre aux Européens un préservatif du froid, dont on fait peu de cas dans leur

pays, où l'on préfère généralement les four-
rures.

Il est aussi des endroits heureusement situés
où ces oiseaux viennent chaque année. Ces endroits constituent des propriétés qui se vendent
ou se transmettent par héritage comme on le
ferait d'une maison ou d'un champ. Cependant
le nombre en diminue chaque jour, et ils se retirent de plus en plus dans les endroits inacces-
sibles. L'instinct de ces pauvres oiseaux les
avertit sans doute qu'en s'isolant davantage ils
pourront soustraire à la recherche des hommes
leur nid, l'objet de leur tendresse, leur bien le
plus précieux.

— Oh! le joli perroquet! s'écria Marie à son
tour en découvrant un de ces beaux oiseaux aux
nuances les plus belles et les plus vives.

— Celui-ci du moins ne nous cassera pas la
tête, ajouta M. Villiers en riant.

— Si ces oiseaux ont l'avantage d'imiter admirablement le langage humain, ils ont parfois
une façon de crier qui est insupportable.

— Père, quelle est donc la patrie des perroquets?

Oh le joli Perroquet! s'écria Marie à son tour en découvrant un de ces beaux oiseaux!..

— Ils habitent tous les pays les plus chauds de la terre. On en connaît une grande quantité d'espèces, et leurs riches couleurs varient à l'infini dans le rouge, le vert, le jaune, le bleu et toutes les nuances éclatantes; ils se nourrissent de fruits et grimpent très-bien aux arbres en s'aidant de leur bec et de leurs pattes. Ils deviennent mignards et familiers; mais il ne faut se fier à leurs caresses qu'avec une certaine prudence, car ces oiseaux passent, avec la plus extrême mobilité, de la tendresse à la colère, et payent souvent votre confiance par des blessures que leur bec robuste rend souvent dangereuses.

— Voici le dernier, dit enfin Guillaume d'un ton de regret presque comique; après celui-ci, je n'aurai plus rien à vous faire voir, rien à vous montrer : c'est le héron. Ses longues pattes, nues et dégarnies de plumes, lui permettent de faire de grandes enjambées et d'entrer facilement dans l'eau. Lorsqu'il est posé sur le bord d'un marais, d'un étang ou d'une rivière, il reste des heures entières aussi immobile que vous le voyez en ce moment, posé sur un seul pied, le corps presque droit, son long cou replié le long du ventre et de la poitrine; il paraît si étranger à tout ce qui se passe autour de lui, qu'on le prendrait plutôt pour une statue de pierre que pour un oiseau vivant. Quand il aperçoit un reptile, une grenouille, un poisson, il entre dans l'eau avec précaution, déploie son long cou et avance son long bec avec tant de force, qu'il en perce sa proie; lorsqu'il l'a tuée, il l'avale avec gloutonnerie et le plus souvent d'un seul morceau. On rencontre cet oiseau dans les climats les plus brûlants, comme dans les pays les plus glacés ; mais il ne change de lieu que lorsque la nourriture lui manque.

Il bâtit son nid sur le sommet des arbres les plus élevés et le compose de plumes et de brins de jonc. Il fut un temps où les jeunes hérons étaient un mets de grand luxe et fort recherché. A cette époque, les rois faisaient construire, sur le sommet des arbres de hautes futaies, des claires-voies destinées à attirer ces oiseaux par la facilité qu'ils trouvaient à y placer leur nid : on appelait ces appareils des héronnières, et les vieilles traditions de chasseurs font encore mention de celle que François Ier fit construire à Fontainebleau.

On compte plusieurs variétés de héron : presque toutes portent sur la tête une aigrette de plumes d'une valeur plus ou moins grande et fort recherchée pour de certains ornements de toilette... Mais... les voilà bien tous, répéta Guillaume en s'apercevant qu'il était enfin arrivé au dernier et en repassant lentement devant les oiseaux qu'il venait de décrire, je ne crois pas en avoir oublié.

— Que vous êtes heureux, monsieur Guillaume, de posséder cette jolie collection !

— Elle est bien loin d'être complète, monsieur Simon ; les oiseaux étrangers sont en si grand nombre, qu'il en est beaucoup encore qui n'ont jamais été décrits. Quant à ceux que nous connaissons en France, leur simple description formerait plusieurs volumes. Les oiseaux, en général, sont si nombreux, que les auteurs qui ont écrit sur ce sujet ont dû se borner à traiter une spécialité : les uns, les oiseaux de volière ou de chant; d'autres, les oiseaux de proie d'Europe : ceux-ci, du Brésil, du Sénégal, de la France ; ceux-là, les oiseaux de basse-cour, etc. Les grands traités d'histoire naturelle ont seuls le privilége de les embrasser tous.

— Père, dit Marie de sa voix la plus câline et en prenant la main de M. Villiers, tu nous donneras un de ces beaux ouvrages, cela nous amusera tant !

M. Villiers sourit en hochant la tête.

—Pauvre enfant ! ajouta-t-il, tu n'en voudrais pas lire dix pages ! Tu ne sais pas que, traité au point de vue de la science, tout cela serait bien sérieux, bien aride pour de petits ignorants tels que vous, et que, d'ailleurs, vous n'y comprendriez absolument rien. Les conversations du bon Guillaume sont bien mieux à votre portée que le meilleur dictionnaire d'histoire naturelle, dont le plus grand mérite aux yeux des savants consiste tout entier dans l'exactitude des descriptions.

On remercia affectueusement le bon Guillaume ; et, comme les jours commençaient à diminuer, on reprit le plus court chemin pour retourner à la maison, où madame Villiers, qui voyait la nuit s'approcher, commençait à concevoir des inquiétudes.

CONCLUSION

hassée par la mauvaise saison la famille. Villiers ne tarda pas à revenir à Paris. Adieu fauvettes et rossignols! adieu la jolie volière! On pria Guillaume d'en prendre soin jusqu'à la saison prochaine, et l'on sait qu'elle ne pouvait se trouver en des mains plus habiles; le linot et sa compagne eurent seuls le privilége de suivre leurs jeunes maîtres à Paris; car nous devons ajouter, en historien fidèle, que jamais enfant prodigue ne se montra plus sincèrement repentant et ne sut expier ses torts par plus de tendresse et d'amabilité. Corrigé par une douloureuse expérience, notre volage petit héros trouva le bonheur auprès de cette indulgente compagne qu'il avait autrefois dédaignée, et les douceurs du ménage lui firent oublier ce rêve de liberté qui lui avait coûté si cher.

La petite Louison, que l'on appelle Louise aujourd'hui, est tout heureuse du retour de ses bienfaiteurs à Paris, ce qui la rapproche d'eux et lui permet de les voir plus souvent. De jour en jour ses progrès sont remarquables, et sa bonne conduite ne s'est pas un seul instant démentie. Sa prédilection pour les pies, source de tout son bonheur, s'accroît de plus en plus : elle se promet bien d'en élever une plus tard, à laquelle elle apprendra les noms de ses chers bienfaiteurs. Louise croit, avec raison peut-être, qu'élevé dans de bons principes l'oiseau voleur perdra ses vices originels et deviendra honnête et probe.

Quant à Pierre, le protégé de Guillaume, il est aujourd'hui au comble de la joie : une aptitude extraordinaire pour la musique qui s'est développée en lui et sa jolie voix l'ont fait adopter par un maître de chapelle d'une des grandes paroisses de Paris : le petit enfant de chœur promet de devenir un jour un de nos organistes les plus distingués. Pierre n'est point ingrat : il n'a rien oublié, ni la pauvre voisine qui a fermé les yeux de sa mère, et à laquelle il s'est empressé de rembourser la modeste somme de trois francs qu'elle avait avancée pour elle, ni le bon Guillaume, auquel il doit son bonheur et qu'il vient voir chaque mois, ni même l'ingrat sansonnet qui ne le reconnaît pas et ne l'appelle plus Pierre, tant il a changé de mise et d'extérieur. Pourtant cet oiseau ne manque jamais de le reconduire avec son refrain ordinaire : « A la porte, les gamins ! »

Guillaume, que le départ de la famille de Villiers attriste, a repris ses courses aventureuses à travers les bois, avec ses cages et ses appeaux, au grand plaisir de tous les enfants du village ; et, lorsque le mauvais temps le force à rester chez lui, il raccommode ses filets, prépare ses gluaux, ses pipées, et se console en pensant qu'à la saison prochaine il pourra faire voir aux habitants du parc le produit de ses piéges et de ses chasses.

Simon et Marie soupirent aussi après cet instant ; et, quoique la belle maison qu'ils occupent à Paris soit vaste et spacieuse, en pensant au parc de Valvins, à la belle forêt de Fontainebleau, Simon regarde tristement à travers les croisées... Alors Marie interrompt tout à coup sa rêverie :

— Frère, dit-elle, je crois que tu rêves aux champs.

— Et à la liberté ! répond Simon en faisant un gros soupir.

— Absolument comme le linot !...

Et la malicieuse enfant se sauve en riant aux éclats.

Patience, mes jolis écoliers ! le printemps ramènera vos plaisirs. D'ici là, moi qui suis dans la confidence de M. Villiers, je sais que, pour adoucir l'amertume de vos regrets et vous faire paraître le temps moins long, vous recevrez à l'époque des étrennes un délicieux cadeau... Et, si vous vouliez bien me promettre de ne pas trahir ma petite indiscrétion, je pourrais vous dire bien bas : C'est... une belle cage de citronnier, entourée d'un léger réseau d'argent, où voltigent des bengalis à la tête verte, aux ailes pourpres semées d'or, et de jolies perruches de Porto-Rico, toutes bleues, avec une aigrette orange et un bec noir comme l'ébène.

TABLE